信息学奥赛思维训练

培养创新与解决问题的能力

XINXIXUE AO-SAI SIWEI XUNLIAN

刘升 著

辽宁师范大学出版社

·大连·

ⓒ刘　升　2024

图书在版编目(CIP)数据

信息学奥赛思维训练：培养创新与解决问题的能力 /
刘升著. -- 大连 ：辽宁师范大学出版社，2024.11.
ISBN 978-7-5652-4540-4

Ⅰ. TP311.1

中国国家版本馆 CIP 数据核字第 2024ZG7010 号

信息学奥赛思维训练——培养创新与解决问题的能力

责任编辑:马　璐　　郝晓红
责任校对:刘海莲
装帧设计:宇雯静

出　版　者:辽宁师范大学出版社
地　　　址:大连市黄河路 850 号
网　　　址:http://www.lnnup.net
邮　　　编:116029
电　　　话:(0411)84259910
印　刷　者:大连盛裕印刷有限公司
发　行　者:全国新华书店

幅面尺寸:185mm×260mm
印　　张:10
字　　数:220 千字

出版时间:2024 年 11 月第 1 版
印刷时间:2024 年 11 月第 1 次印刷
书　　号:ISBN 978-7-5652-4540-4

定　　价:58.00 元

目　录
MULU

第一章
引言：思维启航，奥赛探索

一、信息学奥林匹克竞赛的发展历程

　　1984 年,邓小平在上海展览中心参观微电子技术及其应用汇报展览,当看到小学生的计算机表演时,他意味深长地说:"计算机的普及要从娃娃抓起。"这掀起了我国计算机教育的热潮,也成为科教兴国的一项重要内容。我国也是从这一年开始组织全国青少年计算机程序设计竞赛,这一新的比赛形式受到了党和政府的关怀,得到社会各界的关注与支持,并吸引了 8 000 多人参赛。1990 年,该竞赛更名为全国青少年信息学奥林匹克竞赛(National Olympiad in Informatics,简称 NOI)。至此,NOI 成为青少年学习和实践信息学科技知识和能力的竞赛平台,每年一次的 NOI 活动,吸引越来越多的青少年投身其中,培养并挖掘出一大批计算机程序设计爱好者,选拔出了众多杰出的计算机领域后备人才。

　　1987 年 10 月,联合国教科文组织第 24 次大会上,保加利亚代表 Blagovest Sendov 提出了举办国际信息学竞赛的想法。1989 年,首届国际信息学奥林匹克竞赛 (International Olympiad in Informatics,简称 IOI)在保加利亚举行,有 13 个国家的 46 名学生参加了此次竞赛,中国队获得三块铜牌,团体成绩排名第二。举办国际信息学奥林匹克竞赛的宗旨是通过竞赛的形式对有才华的青少年起到激励作用,促使其能力得到发展;让青少年彼此建立联系,推动知识与经验的交流,促进合作与理解;宣传新兴学科信息学,为学校的这一类课程教学增加动力,启发新的思路;建立教育工作者与专家之间的国际联系,推进学术思想交流。作为最高级别的国际信息学竞赛,竞赛题目有相当大

的难度,且题目的呈现形式也在不断地创新,解决这些题目,需要具备很强的综合能力。中国是国际信息学奥林匹克竞赛的创始国之一,从首届赛事开始,中国每年都会组队参赛,成绩多次名列前茅,为中国的信息技术领域输送了大批顶尖人才。

1995 年,全国青少年信息学奥林匹克联赛(National Olympiad in Informatics in Provinces,简称 NOIP)开始举办,由中国计算机学会统一组织,全国统一大纲、统一试卷。在同一时间、不同地点以各省市为单位,由特派员组织初、高中或其他中等专业学校的学生报名参加,联赛分为普及组和提高组两个组别,难度不同,分别面向初中和高中阶段的学生。初赛考查通用和实用的计算机科学知识,以笔试为主;复赛主要考查程序设计,须在计算机上调试完成。从 2020 年开始,全国青少年信息学奥林匹克联赛不再分普及组和提高组,亦不再设初赛。

2007 年,首届亚洲与太平洋地区信息学奥林匹克竞赛(Asia-Pacific Informatics Olympiad,简称 APIO)举行。此后于每年 5 月举行,由不同的国家轮流主办。每个参赛团参赛选手上限为 100 名,其中成绩排在前 6 名的选手作为代表该参赛团的正式选手统计成绩。该竞赛为区域性的网上同步赛,是亚洲和太平洋地区每年一次的国际性赛事,旨在给青少年提供更多的赛事机会,推动亚太地区信息学奥林匹克的发展。

2019 年,中国计算机学会(CCF)推出非专业级软件能力认证(Certified Software Professional Junior/Senior,简称 CSP－J/S),是有兴趣者自愿参加的一项计算机科学活动,可以评价计算机非专业人士算法和编程能力,旨在推动计算机科学的普及,让更多的青少年和非专业人士接触和学习计算机科学。CSP－J/S 在同一时间、不同地点以各省市为单位,由中国计算机学会授权的省认证组织单位和总负责人组织,全国统一大纲、统一认证题目。CSP－J/S 分两个级别进行,分别为 CSP－J 级(入门级,Junior)和 CSP－S 级(提高级,Senior),两个级别的难度不同,均涉及算法和编程。CSP－J/S 分第一轮和第二轮两个阶段。第一轮考查通用和实用的计算机科学知识,以笔试为主,部分省市以机试方式进行认证。第二轮考查程序设计,须在计算机上调试完成。第一轮认证成绩优异者进入第二轮认证,第二轮认证结束后,根据 CSP－J/S 各组的认证成绩和给定的分数线,颁发认证证书,CSP－J/S 成绩也成为 NOIP 的选拔依据。

信息学奥林匹克竞赛系列活动除了上述的 IOI、NOI、NOIP、APIO、CSP－J/S 外,还有夏令营、NOI 网上同步赛、冬令营、中国队选拔赛、省队选拔赛、NOI 春季测试、NOI 女生竞赛和国际信息学初中生竞赛(ISIJ)等一系列赛事。为了在更高层次上推动普及,培养更多的计算机技术优秀人才,竞赛及相关活动遵循开放性原则,任何有条件和兴趣的学校和个人,都可以在业余时间自愿参加。这些竞赛不仅考验参赛者的编程能力和算法知识,更重要的是培养了参赛者的创新思维和解决问题的能力。

二、培养创新与解决问题能力的重要性

信息学奥林匹克竞赛与其他学科奥林匹克竞赛一样，都是比拼智力和逻辑思维的竞赛，主要考查的是青少年学生计算机应用能力和对算法和数据结构的研究程度。信息学奥林匹克竞赛可以培养选手编写程序的能力，使选手了解如何同计算机进行人机交互，在实际操作中锻炼和提升自己的创新思维和解决问题的能力，更重要的是，可以培养他们创新学习的能力。参加信息学竞赛需要掌握的知识很广泛，新算法、新知识层出不穷，这就要求选手有较强的自主学习与合作学习能力和很强的团队精神，这些对于每个参加竞赛的选手来说，都是终身受益的。

在 2018 年秋季开始执行的《普通高中课程方案》和语文等学科课程标准（2017 年版）中，编程和计算机思维已经成为必修课程内容。随着人工智能（Artificial Intelligence，简称 AI）逐渐上升为国际竞争的新焦点，AI 人才的短缺问题也日益凸显，成为世界性问题，全球对于人工智能基础教育的呼声不断。自"人工智能"被两次写入国务院政府工作报告中后，2017 年，国务院印发并开始实施《新一代人工智能发展规划》，该规划指出"实施全民智能教育项目，在中小学阶段设置人工智能相关课程，逐步推广编程教育，鼓励社会力量参与寓教于乐的编程教学软件、游戏的开发和推广"。在 2022 年9 月 27 日教育部办公厅公布的《2022—2025 学年面向中小学生的全国性竞赛活动名单》中，有 12 项赛事与编程有关，而全国中学生信息学奥林匹克竞赛无疑是各项赛事中含金量最高的比赛。

AI 时代，信息技术发展迅速，随着以 ChatGPT（美国人工智能研究实验室 OpenAI 研发的一款聊天机器人程序）为代表的人工智能科技的不断发展，创造力成为推动社会进步的关键因素。在不远的未来，限制人的发展可能不再是生产力，而是想象力。只有拥有创造性思维和创造力的人，才可能在未来充分发挥所有生产工具的作用，从而创造出更美好的未来。信息学竞赛往往涉及多学科知识，选手需要将计算机科学与其他领域如数学、物理、生物等有机结合起来，促进跨学科融合的创新发展，这就要求选手能够准确理解问题，分析问题的关键点，发挥创造力，设计独特的解决方案，这种训练有助于培养选手未来面对新挑战时的创新思维和创造力。通过参加竞赛，选手可以锻炼自己的逻辑思维，提高个人的技术水平和解决问题的能力。

三、参加信息学奥林匹克竞赛需要的核心能力

想要在编程中取得优异的成绩，青少年在学习过程中，一定要注重培养以下几个核心能力。

养成良好的编程习惯和编码规范。C++语言如同精密仪器,从输入、输出的规范到定义变量的精确等,都有一套自己的规则,如果不遵守特定的规范,即使是细微的差别,都会导致计算机不能准确地理解让它"做"的事情,这时它就要"罢工"了。编程初学者应该始终遵循一致的命名和格式规则,确保代码清晰易读;注重注释的详细和准确性,以便后续自己理解代码逻辑;遵循模块化编程原则,提高代码的可维护性和重用性;同时,要熟练掌握并应用错误处理机制,确保程序的健壮性。

理解、分析和解决问题的能力。编程的核心是编程思维,简单来说,就是能够读懂题目信息,抽取有效信息结合自己已有的知识和经验,把复杂的问题逐步拆分成可解决的小问题,找出小问题和以前解决过的问题的相似性,厘清解题思路,然后将题目里涉及的数据抽象成数据结构,把数据处理过程的可重复执行部分抽象成函数模块,然后设计步骤、写出算法,从而解决问题。

思辨和沟通能力。解决编程问题的方法不止一种,想要在后续学习中越来越轻松,学习编程的前期一定要学会多角度和全面思考问题,尤其是对边界值的考虑。经过长时间的深入和全面思考,做题会越来越周全、越来越有逻辑。新手在学习时,也要多和同级别或者更高级别的选手沟通,比较不同算法的优劣,设计出更优的算法。

纠错能力。在编程的世界中,只有对错,没有模糊值。写程序时,少一个标点符号、少一个字母,程序都不会正确运行,一个分号的缺失也可能会导致程序不能运行,两条语句顺序的颠倒更会使结果大相径庭。在学习编程的过程中,首先就要去除"马虎",将严谨的习惯植入内心。程序中的"bug"可能不是一下子就能找到,需要分阶段运行程序、分析结果才能得到答案。纠错的过程还需要很多的耐心、观察力和专注力,要养成严谨的学习习惯和忧患意识。这种严谨细致的行事习惯对学习、工作和生活都有着不可估量的益处,有利于学生的长远发展。

保持足够的好奇心。学习之路漫漫,难度渐增。唯有保持对未知世界的好奇心,勇于挑战和尝试新事物,从而驱动自主探究能力,主动寻找学习资源,如学习英文版的信息学专业书籍、参加一些网站的在线比赛等,才能走得更远。

四、信息学奥林匹克竞赛培养模式初探

信息学奥林匹克竞赛是备受关注的五大奥赛之一,信息学竞赛的开展形式和对学生的培养模式更是大家关注的焦点。普通高中如何开展信息学竞赛活动,如何引领学生走进信息学,如何培养学生,这些都是我们需要研究的问题。

1.组建信息学竞赛团队的要素

学校要想组建信息学竞赛团队,需要在学校、教练、学生和家长这四个方面形成合

力,营造良好的学习氛围,才能有效地开展信息学竞赛活动。

(1)学校的政策支持和科学决策是信息学团队建立的保障。

学校要形成从校级领导到班主任和科任老师的立体支持,这样才会形成良好的竞赛氛围。学校整体地进行竞赛战略部署,统一部署师资、学苗,统一规划培训课程设置,统一管理培训时间和资金,从精神、物质方面给予教练员鼓励和支持,引导学生有竞争意识、团队意识和拼搏意识,用榜样的力量去激励学生。只有进行这样有利于构建团队的统筹管理和科学安排,才能让教练员潜心治学,让学生攻坚克难。

(2)高素质的教练员是引领学生在信息学竞赛中取得优异成绩的关键因素。

教练员承担着整个团队的建设任务,在学生的成长和发展中发挥着至关重要的引领作用,因此需要善钻研、肯吃苦、乐奉献、有担当的教师来担任。教练员要不断地丰富自己的专业知识和教学经验,多和同行交流,多向先进地区、先进学校学习,不断开阔视野,取长补短,同时应对各项赛事都有清晰的了解,能够进行赛题解析,通过扎实努力的工作,不断改进教学方法和策略,做到教无定法、教学相长,使不同层次的学生都能体验到成功的快乐,从而逐步打造信息学竞赛团队。

(3)学生是竞赛的主体,竞赛学苗的选拔至关重要。

信息学竞赛对学生自身的条件和要求都比较高,我们可以通过"学有兴趣、学有余力、学有所成"三个步骤来选拔学生。第一,学生要对信息学竞赛有兴趣,因为兴趣是最好的老师,始终保持"学有兴趣",才能不断渴望和探索新知识。第二,学生的文化课基础要好,尤其是数学、物理学科的基础要好,因为良好的逻辑思维能力对信息学竞赛来说至关重要,只有学生拥有较强的学习能力才能做到"学有余力",做到无后顾之忧。第三,学生要具有探索精神、创新精神和团队精神,这些良好的学习品质和习惯能够保障学生"学有所成"。

(4)家长的支持是学生参加信息学竞赛的动力。

学校要和家长做好沟通互联的工作,定期召开家长会,让家长了解竞赛的安排和学生的学习状态。家长要了解孩子的兴趣,参加竞赛不是走捷径,要保证文化课和竞赛两手抓,不要让孩子为了功利而参加竞赛,家长要因势利导,在知道孩子有兴趣的基础上,配合学校鼓励孩子树立目标,用顽强的意志去攻克难题。如果发现孩子确实不能兼顾文化课和竞赛学习,就要让孩子及时回归到文化课的学习中。家长和学校形成共识后,才会配合学校开展的各项竞赛活动,这是信息学竞赛团队建设形成合力的"最后一公里"。

2.学校如何开展信息学竞赛的培训

团队的建设不是一蹴而就的,团队的建设和竞赛活动的开展是相辅相成的,学校的信息学竞赛团队一般2—3年才会形成梯队雏形。团队的建设是渐进的,具有学校特色的培养模式和方法也是在团队建设过程中逐渐成形的。

（1）合理安排组织培训内容。

"工欲善其事，必先利其器。"开展信息学竞赛培训的起步阶段，可以先选择先进地区出版的教材，快速构建知识体系，再根据竞赛培训的特点、学校与学生的个性化特点，决定信息学竞赛培训的校本化内容。教练员要在学校的统筹下，注重积累，逐步开发出适合本校学情的校本教程，可以按照"整理资料—进行培训—得到反馈—更新整理"的流程进行，每年要不断有新的知识融入，时刻与国家政策和竞赛大纲保持一致，保证学生的学习方向得到正确的引导。这需要教练员把知识系统化、教学顺序编排合理化，统筹安排培训内容和教学进度，使学生清楚哪个时间段做什么、阶段性的学习目标是什么，这样学习效率自然会得到明显的提高。

（2）因材施教，兼顾个体与全体。

实际培训中，内容的选择和安排不仅要兼顾竞赛本身的知识要求，还要考虑到每届学生的整体水平、学习经历和学习基础等，所以在信息学竞赛教学过程中要进行分层教学和个性化指导。在前期基础知识培训过程中，应按照教学进度统筹、分层进行培训，为基础好的学生拓展深度，为基础稍弱的学生拓宽广度，尽快将基础知识按培训进度完成。配合培训的练习题也要分成难、中、易三个层次，让每个层次的学生都有适合自己的练习题。在培训中后期，要对拔尖的学生进行个性化指导，及时发现他们的问题并针对性地解决。对学习能力比较强的学生，可以多让他们自主探究；而对学习能力稍弱的学生，则要更多地引导和启发，力争让每个学生都能发挥自己的优势领域，形成取长补短的互帮互助局面。对特别优秀的学生，可以单独制订一对一的学习计划，制订个性化学习目标，让学生定期汇报交流，以便及时调整学生的学习计划，这样循环反复，学生能力很快得到提升。

（3）以能力为目标的多样化训练手段。

尽管获取知识很重要，但获取知识的过程比获取知识本身更重要。培训过程不仅仅是知识的传授过程，更是培养学生学习能力和学习习惯的过程。因此在培训时，教练员要特别注重过程教学，尽量避免一言堂、填鸭式的教学方法，应采用启发探究式、讨论式、互助答疑式、学生讲座式等教学方法，让学生成为课堂的主体。教无定法，实际教学中要将多种方式有机融合在教学过程中，把知识点逐层剖析、层层启发、设置悬念、步步引导，这种方式有利于学生进行探究学习，培养他们的自学和创新能力。教练员及时的点评和引领是不可缺少的，要时刻让学生体会成功的乐趣，时刻让学生抱有探索新知识的渴望。多让学生参与讨论和讲解问题，让学生教学生，让老生教新生，注重学生间的"传、帮、带"，这种互助式答疑会让每个学生都能汲取团队成员的经验和方法；团队中的每个学生都是老师，"将教兵"、"兵教兵"和"兵教将"的师生共进局面会让每个学生都在团队中找到自己的价值。学生在把自己的研究成果、思维方法和解题技巧与团队成员分享时，不但培养了自己钻研和交流的能力，也逐步将自己融入团队，以团队为荣。这增强了他们的集体意识，整个团队技术水平自然就水涨船高，学习热情也会空前高涨。

(4)有效的评价方式与及时的反思总结。

及时了解和评价学生对知识的掌握情况十分重要，学校要搭建自己的在线评测系统(Online Judge，简称 OJ)，把与知识点有关的经典例题、历年试题、模拟试题分类放在其中，并不断推陈出新，及时添加热点和新题型，这样可以提高效率，也带动了学生的积极性，鼓励学生赶超先进，努力拼搏，突破自我。教练员要时刻关心每个学生的思想动向，不定期进行谈话谈心，除了了解学生的知识掌握情况，更重要的是了解学生的心理状态，及时帮助学生排忧解难。让学生有恒心、有毅力去挑战难题，做到胜不骄、败不馁，逐渐养成良好的学习习惯，培养优秀的学习品质。学生自身也需要不断总结，每一阶段的学习过后，都应写出学习内容反思、解题报告、知识总结等。有的学生知识总结翔实，解题报告通俗易懂；也有的学生总结不全面，讲解不透彻，但是也要鼓励他们继续探究，争取下次有所改善。有总结才会有提高，这种反复的总结反思，会让学生的知识系统逐渐完善，并让学生逐渐具备科学素养和探究创新能力。

教无定法，一切教学活动还要以人为本。以学生为本，一切从学生出发才是信息学竞赛教学方法的灵魂所在。"教育不是灌输，而是点燃火焰"，我们不仅仅要教会学生知识，更要把学生领进信息学的殿堂，培养学生终身学习的能力和习惯。"授人以鱼，不如授人以渔"，学会"渔"的学生才能从容地面对未来的任何挑战，不断创新，走上可持续发展之路，受用终生。

第二章
基础篇：奠定基础，培养思维

一、NOI 系列赛事程序设计语言

自从世界上第一台电子计算机 ENIAC 于 1946 年问世以来，伴随着计算机硬件的不断更新换代，计算机程序设计语言也有了很大的发展。到目前为止，程序设计语言的发展经过了机器语言、汇编语言、高级语言、第四代面向对象语言四个阶段，每一个阶段都使程序设计的效率大大提高。

计算机诞生初期，用机器语言或汇编语言编写程序，编程效率低，学习难度大。第一种高级语言 Fortran 诞生于 1954 年，用于数学计算。1964 年，Basic 语言诞生，它是由 Fortran 语言简化而成，是为了初学者设计的小型高级语言。1972 年，C 语言由贝尔实验室的 D.M.Ritchie 研制成功，它是为计算机专业开发人员设计的，此后，多数系统软件和应用软件都是用 C 语言编写的。随着计算机硬件的飞速发展，以及应用复杂度越来越高，软件规模越来越大，以 C 语言为代表的原有的程序开发方式越来越不能满足需求，于是便创造出了 C++语言。C++是由贝尔实验室于 20 世纪 80 年代初在 C 语言的基础上成功开发出来的，是 C 语言的继承，它保留了 C 语言原有的所有优点，并增加了面向对象的机制。20 世纪 90 年代初，以 C++、Java、Python 为代表的面向对象语言逐渐兴起，成为世界主流编程语言之一，一直流行至今。

国内信息学竞赛使用过的程序设计语言有 Basic 语言、Pascal 语言、C 语言和 C++语言，其中使用人数最多是 Pascal 语言和 C++语言，这两种语言可以说是 NOI 的功勋程序设计语言，是国内使用人数最多和使用时间最长的两种程序设计语言。从 2005 年起，

Basic 语言退出信息学竞赛舞台；从 2020 年开始，除 NOIP 以外的 NOI 系列其他赛事（包括冬令营、APIO、NOI 等）将不再支持 Pascal 语言和 C 语言；从 2022 年开始，NOIP 竞赛不再支持 Pascal 语言。即从 2022 开始，NOI 系列的所有赛事将全部取消 Pascal 语言。在无新增程序设计语言的情况下，C++语言成为信息学竞赛唯一的程序设计语言。竞赛绝大部分题目还是以面向过程编程为主，很少使用 C++的面向对象思想。目前，NOI 系列赛事中 C++程序编译默认采用的语言标准为 C++14。

1.Pascal 语言简介

我们先来看看 NOI 功勋程序设计语言之一的 Pascal 语言，它是一种计算机通用的高级程序设计语言，是瑞士苏黎世理工学院的尼古拉斯·沃思（Niklaus Wirth）教授于 1968 年设计完成的，在 1971 年正式发表。1975 年，他对 Pascal 语言进行了修改，使其成为"标准 Pascal 语言"。

Pascal 语言是当时使用广泛的基于 DOS 的语言之一。Pascal 是非常好的入门学习语言，它的程序简洁易懂，语法严谨，非常适合初学者。它最初是为系统地教授程序设计而设计的，具有丰富的数据类型且可以提供数据类型定义设施，方便用来描述复杂的算法。Pascal 的控制结构体现了结构程序设计原则，可以完全不使用 GOTO 语句和标号，更易于保证程序的正确性与易读性。

正因为上述特点，Pascal 语言可以被方便地用于描述各种算法与数据结构。尤其是对于程序设计的初学者，Pascal 语言有益于培养他们良好的程序设计风格和习惯。IOI、NOI、NOIP 等系列赛事都曾经把 Pascal 语言作为主流程序设计语言之一。在高校中，Pascal 语言也曾长时间被用作学习数据结构与算法的教学语言。

2024 年 1 月 4 日，Eiffel 编程语言的创造者 Bertrand Meyer 在 Twitter 上发布了一则讣告："我们失去了一位编程语言、编程方法、软件工程和硬件设计领域的巨星。Niklaus Wirth 于 1 月 1 日去世。我们对这位先驱、同事、导师和朋友的离去深感哀痛。"Niklaus Wirth 先后开发了 Euler、Algol-W、Pascal、Modula、Modula-2、Oberon、Oberon-2 和 Oberon-07 等多款具有创新性的语言。其中，最令人熟知、也是很多程序员入门语言的 Pascal，不仅具有重要教学意义，而且为未来的计算机语言、系统和体系结构研究提供了基础。他出版的《系统编程》和《算法＋数据结构＝程序》是对编程方法和概念文献最有影响力的著作中的两本。Niklaus Wirth 不仅是一位优秀的图灵奖得主，更是被很多程序员熟知的良师与挚友。

2.C++语言简介

我们再来看看 NOI 系列赛事中目前唯一的程序设计语言 C++。C++是一门以 C 语言为基础发展而来的面向对象的高级程序设计语言，20 世纪 80 年代由本贾尼·斯特劳斯特鲁卢博士(Bjarne Stroustrup)在贝尔实验室工作期间创立并实现。一开始,这种语言被命名为"C with Class",即"有类的C",由于当时C语言的地位如日中天,Bjarne博士等人又想做出一个在性能方面与C语言相媲美却又不限于应用场景的编程语言,于是借鉴了许多其他语言的特性——类、运算符重载模板、命名空间、异常处理等概念,最终形成了C++语言的雏形。

C++语言特点鲜明,语言简洁紧凑,使用灵活方便,一共只有32个关键字和9种控制语句,程序书写自由,主要用小写字母表示;运算符丰富,共有34个;数据结构丰富,有整型、实型、字符型等基本数据类型和自定义的构造类型等高级语言所具备的所有类型;具有结构化语言,结构化语言的显著特点是代码及数据的分隔化,即程序的各个部分除了必要的信息交流外彼此独立;生成的代码质量高,其效率方面可以和汇编语言相媲美;可移植性强,C++语言编写的程序很容易进行移植,在某个环境下运行的程序不加修改或进行少许修改就可以在其他环境下运行。

1983年,"C with Class"被正式更名为C++。1991年,ANSI C++标准化成为ISO标准化工作的一部分。1995年,C++标准草案提交公众审阅。1998年,ISO C++标准通过ISO评审成为国际标准,该标准即为大名鼎鼎的C++98。今天,C++已从最初的C with Class,经历了从C++98、C++03、C++11、C++14、C++17再到C++20多次标准化改造,功能得到了极大的丰富,已经演变为一门集面向过程、面向对象、函数式、泛型和元编程等多种编程范式的复杂编程语言,而且还在不断完善和发展中。

3.在线测评系统

在线测评系统(OJ)是信息学竞赛常用的训练、比赛系统。在线提交程序源代码后,系统可以对源代码进行编译和运行,并通过测试数据来检验程序源代码的正确性,给出每组测试数据的得分及总分。该系统最初使用于ACM-ICPC国际大学生程序设计竞赛的自动判题和实时排名,后来中学生的各级OI竞赛也逐渐采用这种在线系统进行训练和比赛。目前在线测评系统广泛应用于程序设计的训练、参赛队员的训练和选拔、各种程序设计竞赛以及数据结构和算法的学习。

在线测评系统是训练编程中最常用的系统,因此选手要了解该系统中常见的错误提示,以便快速修改程序。

常见错误提示主要有:

Accepted(AC) 表示程序结果是正确的

Compilation Error(CE) 表示程序语法有问题,编译器无法编译;具体的出错信息可以点击查看

Runtime Error(RE) 表示运行时错误,这个一般是由程序在运行期间执行了非法

的操作造成的

  Wrong Answer(WA) 表示输出结果错误,一般认为是算法有问题

  Time Limit Exceeded(TLE) 表示程序运行的时间已经超出了这个题目的时间限制

  Memory Limit Exceeded(MLE) 表示程序运行的内存已经超出了这个题目的内存限制

  Presentation Error(PE) 表示用户程序输出中有多余的空行,或者某行内有多余的空格

二、计算机中数据存储的奥秘

  在计算机内部一切数据均以二进制的形式储存。在用 C++等高级语言编写的程序中,数值、字符串和图像等信息在计算机内部也都是以二进制数值的形式来表现的。也就是说,只要掌握使用二进制数来表示信息的方法及其运算机制,自然就能够了解程序的运行机制。计算机处理信息的最小单位——“位(Bit)”,就相当于二进制中的一位。8 位二进制数被称为一个“字节(Byte)”,“位”是最小单位,字节是信息的基本单位。

  计算机如何处理有正、负符号的整型呢? 这涉及补码和反码知识。假设有一个 int 类型的整数,值为 5,那么它在计算机中就表示为:

  00000000 00000000 00000000 00000101

  虽然 5 转换成二进制是 101,不过 int 类型的数占用 4 字节(32 位),所以前面需补位很多数字“0”,为了表示方便,有时使用 1 个或 2 个字节表示数值。那么,－5 在计算机中应如何表示?

  计算机要使用一定的编码方式对数据进行存储,原码、反码和补码是计算机中用来表示带符号整数的三种编码方式,它们在计算机内部的运算和表示过程中发挥了重要作用。其实,在计算机中,负数以其正值的补码形式表达。为何计算机要使用补码存储数据呢? 先了解一下原码、反码和补码的概念。

  1.原码

  原码是数值最直接的表示方法,其中最高位表示符号位(0 表示正数,1 表示负数),其余位表示数值的绝对值。原码就是符号位加上真值的绝对值,即第一位表示符号,其余位表示值。比如 5 和－5 的 8 位二进制表示为:

  $[+5]_原 = 0000\ 0101$

  $[-5]_原 = 1000\ 0101$

  其中第一位是符号位,所以 8 位二进制数的取值范围就是:[1111 1111,0111 1111],

即$[-127,127]$。原码的优点是表示直观,是最容易理解和计算的表示方式,但由于有符号位,在进行加法和减法运算时存在问题。实际上计算机中减法运算可以转换为加法运算,例如:

$$5-5=5+(-5)=[0000\ 0101]_原+[1000\ 0101]_原=[1000\ 1010]_原=-10$$

但$5-5=0$,用原码计算,结果变成$5-5=-10$,显然是不对的。可以看出如果用原码表示,让符号位也参与计算,对于减法来说结果是不正确的。这也就是为何计算机内部不能使用原码表示一个数。

2.反码

为了解决原码的加法和减法问题,开发者引入了反码表示法。反码是在原码的基础上,符号位保持不变,数值位按位取反(0 变 1,1 变 0)得到的。所以,正数的反码与原码相同,负数的反码是在其原码的基础上,符号位不变,其余各个位取反。比如 5 和-5的反码表示:

$$[+5]=[0000\ 0101]_原=[0000\ 0101]_反$$

$$[-5]=[1000\ 0101]_原=[1111\ 1010]_反$$

对于$[1111\ 1010]_反$这个反码表示的负数,很难直观地看出它原来的数值,通常要将其转换成原码。

再来看反码计算表达式$5-5=0$的过程:

$$
\begin{aligned}
5-5 &= 5+(-5) = [0000\ 0101]_原+[1000\ 0101]_原 \\
&= [0000\ 0101]_反+[1111\ 1010]_反 \\
&= [1111\ 1111]_反 \\
&= [1000\ 0000]_原 \\
&= -0
\end{aligned}
$$

我们发现,用反码计算减法,结果的真值部分是正确的,而唯一的问题就出现在"0"这个特殊的数值上。虽然$+0$和-0值是一样的,但是"0"带符号是没有任何意义的,如果"0"带符号位,就会有$[0000\ 0000]_原$和$[1000\ 0000]_原$两个编码表示"0"。

尽管反码解决了减法问题,但仍然存在溢出和"0"的表示问题。

3.补码

采用补码的目的就是解决"0"的符号以及两个编码的问题。在补码中,正数的补码与其原码相同,负数的补码是在其原码的基础上,符号位不变,其余各位取反,最后$+1$,即负数的补码是在其反码的基础上$+1$。比如 5 和-5的补码表示为:

$$[+5]=[0000\ 0101]_原=[0000\ 0101]_反=[0000\ 0101]_补$$

$$[-5]=[1000\ 0101]_原=[1111\ 1010]_反=[1111\ 1011]_补$$

对于负数,补码的表示方式也是无法直观看出其数值的,通常也需要转换成原码再计算其数值。

再来看补码计算表达式 $5-5=0$ 的过程:

$$5-5 = 5 + (-5) = [0000\ 0101]_原 + [1000\ 0101]_原$$
$$= [0000\ 0101]_补 + [1111\ 1011]_补$$
$$= [0000\ 0000]_补$$
$$= [0000\ 0000]_原$$

这样,"0"用 $[0000\ 0000]$ 表示,而以前出现问题的"-0"则不存在了。

用补码表示的优势在于它允许用相同的方式处理正数和负数,以及能够在数字的范围内进行循环运算,而无须额外的处理。因此,在大多数计算机体系结构中,补码被广泛用于带符号整数的表示和运算。

4.十六进制表示常数

在程序设计时,因为用二进制表示一个 int 类型需要写出 32 位,比较烦琐,而用十进制表示,又不容易明显地体现出补码的每一位,所以在程序设计中,常用十六进制来表示一个常数,这样只需要书写 8 个字符,每个字符(0～9,A～F)代表补码下的 4 个二进制位。C++的十六进制常数以"0x"开头,"0x"本身只是声明了进制,"0x"后面的部分对应具体的十六进制数值。例如下表所示:

32 位补码	int(十进制)	int(十六进制)
000000…000000	0	0x0
011111…111111	2 147 483 647	0x7FFFFFFF
10001111 重复 4 次	$-1\ 886\ 417\ 009$	0x8F8F8F8F
00111111 重复 4 次	1 061 109 567	0x3F3F3F3F
111111…111111	-1	0xFFFFFFFF
01111111 重复 4 次	2 139 062 143	0x7F7F7F7F

上表中的 0x3F3F3F3F 在编程中是一个很有用的数值,它是满足以下两个条件的最大整数:整数的两倍不超过 0x7FFFFFFF,即 int 能表示的最大正整数;整数的每 8 位(每个字节)都是相同的。

在 C++程序设计中经常需要使用 memset 函数初始化数组。当 memset(a,val,sizeof(a))初始化一个 int 数组 a 时,val 取值范围是 0x00～0xFF,该语句把数值 val 填充到数组 a 的每个字节上,而 1 个 int 占用 4 个字节,所以用 memset 只能赋值出"每 8 位都相同"的 int。

综上所述,0x7F7F7F7F 是用 memset 语句能初始化出的最大数值。不过,当需要把一个数组中的数值初始化成正无穷时,为了避免加法算术上溢或者烦琐的判断,经常用 memset(a,0x3F,sizeof(a)) 给数组赋 0x3F3F3F3F 的值来代替。所以,一般情况下,把初始值设置为 0x3F3F3F3F 是一个非常好的选择。

三、位运算的原理与应用探索

通过前面的叙述,我们可以知道任何信息在计算机中都是采用二进制表示的,整数在计算机中是以补码形式存储的。位运算就是直接对整数在内存中的二进制"位"进行运算,因此其处理速度比直接对整数进行运算快得多,在信息学竞赛中往往可以优化理论时间复杂度的系数。同时,一个整数的各个二进制"位"互不影响,利用位运算的一些技巧可以帮助我们简化程序代码,这里以 C++语言为例,讨论位运算的原理与应用。

C++提供了按位与(&)、按位或(|)、按位异或(^)、取反(~)、左移(<<)、右移(>>)六种位运算符。位运算符只能用于整型操作数,即只能用于带符号或无符号的 char、short、int 与 long 等类型。

1.按位与运算(&)

"a&b"是指将参加运算的两个整数 a 和 b,按二进制位进行"与"运算。"与"运算的规则如下:

0&0=0

0&1=0

1&0=0

1&1=1

即两位同时为"1"时,结果才为"1",否则为 0。例如 3&5 可表示为:

0000 0011 & 0000 0101 = 0000 0001

因此,3&5 的值为 1。负数按补码形式参加按位与运算。

在程序设计中,按位与运算有很多实用的应用,比如经常要用到的判断一个整数是否能被 2 整除,一般都写成 if(n % 2==0),而用位运算可以写成 if((n&1)==0),理论上位运算速度会更快。

按位与运算可以取出一个数中的指定位。例如,要取出整数 84 从左边算起的第 3、4、5、7、8 位,只要执行 84 & 59 即可,因为 84 对应的二进制为 0101 0100,59 对应的二进制为 0011 1011,所以 0101 0100 & 0011 1011 = 0001 0000。84 从左边算起的第 3、4、5、7、8 位分别是 0、1、0、0、0。如果想将一个单元清零,使其全部二进制位为 0,只要与 0 执行按位与运算 n&0 即可。

按位与运算还能快速判断一个数 n 是不是 2 的整数幂。比如,64=2^6,输出的是

"Yes",而 65 无法表示成 2 的整数幂的形式,输出的则是"No",程序如下:

```
#include<bits/stdc++.h>
using namespace std;
int main()
{
    int n;
    cin>>n;
    if(n&(n-1))cout<<"No";
    else cout<<"Yes";
}
```

利用 $n\&(n-1)$ 还能计算一个数的二进制中 1 的个数,因为一个整数减 1,该整数的最右边的 1 变为 0,这个 1 右边的 0 变为 1。对这个整数和整数减 1 进行"与"运算,将该整数最右边的 1 变为 0,其余位保持不变。直到该整数变为 0,进行的"与"运算的次数即为整数中 1 的个数,程序如下:

```
#include<bits/stdc++.h>
using namespace std;
int main()
{
    int num= 0,n;
    cin>>n;
    while(n)
    {
        n= n&(n-1);
        num++;
    }
    cout<<num;
}
```

2.按位或运算(|)

"a|b"是指将参加运算的两个整数 a 和 b,按二进制位进行"或"运算。"或"运算的规则如下:

0 | 0＝0

0 | 1＝1

$1 \mid 0 = 1$

$1 \mid 1 = 1$

即参加运算的两个对象只要有一个为 1,其值为 1。例如 $3 \mid 5$ 可表示为:

$0000\ 0011 \mid 0000\ 0101 = 0000\ 0111$

因此,$3 \mid 5$ 的值为 7。负数按补码形式参加按位或运算。

按位或运算也有很多比较实用的应用,通常用于二进制特定位上的无条件赋值,例如 $x \mid 1$ 的结果就是把 x 的二进制最末位通过"或"运算变成 1。如果需要把二进制最末位变成 0,将这个数进行"$\mid$"之后再减 1 就可以了,即"$x \mid 1 - 1$",在程序设计中"$x \mid 1 - 1$"的意义就是求 x 最接近的偶数。

3.按位异或运算($\hat{}$)

"$a\hat{}b$"是指将参加运算的两个整数 a 和 b,按二进制位进行"异或"运算。"异或"运算的规则如下:

$0 \hat{} 0 = 0$

$0 \hat{} 1 = 1$

$1 \hat{} 0 = 1$

$1 \hat{} 1 = 0$

即参加运算的两个对象,如果两个相应位值不同即为"异",则该位结果为 1,否则为 0。例如 $3 \hat{} 5$ 可表示为:

$0000\ 0011 \hat{} 0000\ 0101 = 0000\ 0110$

因此,$3 \hat{} 5$ 的值为 6。负数按补码形式参加按位异或运算。

下面说一下按位异或的应用。

按位异或其实就是不进位加法,如 $1 + 1 = 0, 0 + 0 = 0, 1 + 0 = 1$。

"异或"运算满足结合律和交换律,即 $a \hat{} b = b \hat{} a; (a \hat{} b) \hat{} c = a \hat{} (b \hat{} c)$。

按位异或比较实用的应用更多一些,例如:

(1)使特定位取反,$x = 1010\ 1110$,要使 x 低 4 位取反,则用 $x \hat{} 0000\ 1111 = 1010\ 0001$ 即可得到。

(2)与 0 按位异或运算,保留原值,$1010\ 1110 \hat{} 0000\ 0000 = 1010\ 1110$。

(3)按位异或对于任何数 x 都有自反性:$x \hat{} x = 0, x \hat{} 0 = x, (A \hat{} B) \hat{} B = A$。

(4)按位异或运算可以交换两个不相等的数:

$a = a \hat{} b;$

$b = b \hat{} a;$

$a = a \hat{} b;$

上述三条语句执行完毕后就会交换两个变量 a、b 的值,但实际程序设计中很少采用这种形式。

交换两个变量值的方法有很多,一般采用引入第三个变量的算法,只要再定义一个临时变量 temp,先把 a 的值赋给 temp,再把 b 的值赋给 a,最后把 temp 的值赋给 b,就实现了交换 a 和 b 两个变量的值,这就是经典的三条语句交换两个变量,即:

temp＝a;

a＝b;

b＝temp;

虽然交换两个变量值还有其他方式,但引入第三个变量的算法适用于任何数据类型,如字符串类型、构造数据类型等都可以,但是按位异或等其他方式只适用于数字类型,其他的数据类型都不适用,比较局限。

4.取反运算(～)

取反运算是一个单目运算,"～"是一元运算符。"～a"是指将整数 a 的各个二进制位都取反,即 1 变为 0,0 变为 1。

例如,～9＝ －10,因为 9 的二进制数为 0000 1001 所有位取反即为 1111 0110,这个数最高位是 1,所以是补码。补码还原成反码,反码等于补码减 1,得到 1111 0101,再还原为原码,反码到原码最高位不变,其他各位取反,等于 1000 1010,即为十进制数－10。

由于整数类型有无符号整型,所以使用取反运算"～"时,需要注意整数类型有没有符号。如果取反的对象是无符号整数类型,那么得到的值是该数与这个无符号整数类型上界的差。例如下面这段程序,当 a＝100 时,因为 unsigned short 的上界是 65 535,取反后输出 a ＝ 65 435。

```
#include <cstdio>
int main()
{
    unsigned short a＝100;
    a ＝ ～a;
    printf( "%d\n", a );
    return 0;
}
```

若对于有符号的整数,以 short 类型为例,short 类型的范围为－32 768 到 32 767,在计算机中存储占 4 个字节,32 位。由于最高位是符号位,用来表示正、负号,0 表示正,1 表示负,0 不属于正数或负数,用 0x0000 表示即可,所以在所有的有符号类型中该范围中正数比负数少 1 个,这样,32 位的 int 类型的范围为 $-2\,147\,483\,648$ 到 $2\,147\,483\,647$,即 $[2^{31},2^{31}-1]$。

因为最高位的符号位也参与取反"～"运算,所以对有符号的数进行"～"运算后,符号位将发生变化,并且数的绝对值会差 1。例如:

$\sim5=\sim0000\,0101=[1111\,1010]_{补}=[1111\,1001]_{反}=[1000\,0110]_{原}=-6$

所以～a 实际上等于 $-a-1$ 或 $\sim(-a)=\sim a+1$。这就是前面描述的整数"补码"的存储方式,正数的补码和原码相同,负数的补码是该数的绝对值的二进制形式,按位取反后再加 1,反之亦然。程序设计中可以利用这个性质进行快速判断,例如,快速判断整数 i 是否为 -1,直接用 if($\sim i==0$)即可。原因就在于 -1 的补码是 1111 1111,按位取反就变为 0000 0000,这实际上就是 0。

5.按位左移运算（<<）

按位左移运算是将一个数的各二进制位左移若干位,移动的位数由右操作数指定,右操作数必须是非负值,左移后,其右边空出的位用 0 填补,高位左移溢出则舍弃该高位。

在最高位没有 1 的情况下,左移 1 位相当于该数乘以 2,左移 2 位相当于该数乘以 $2^2=4$,即左移几位就相当于乘以 2 的几次幂。例如 a=15(即 0000 1111),a=a<<3,则 a=0111 1000,即 a=120,相当于 15 乘以 2^3。通过实践能证实,a<<1 比 a 乘以 2 更快,因为按位左移运算是更底层的操作。但此结论只适用于该数左移时被溢出舍弃的高位中不包含 1 的情况。

6.按位右移运算（>>）

按位右移运算是将一个数的各二进制位右移若干位,移动的位数由右操作数指定,同样,右操作数必须是非负值,右移后,移到右端的低位被舍弃。对于无符号数,高位用 0 填补,对于有符号数,高位补 1。和左移正好相反,右移 1 位相当于整除 2。a>>b 表示二进制右移 b 位,即去掉末 b 位,相当于 a 除以 2 的 b 次方后取整。例如 a=121(即 [0111 1001]),a=a>>3,则 a=0000 1111,即 a=15,相当于 121 除以 2^3 取整。

同样,假设 x 是一个 32 位整数。如果需要查找 x 二进制表示中 1 的个数,可以用按位与和右移操作求得 1 的个数,核心代码如下:

```
int main()
{
    int x,c=0;
    scanf("%d",&x);
    for (i=1; i<=32; i++)
    {
```

```
        if(x&1==1) c++;
        x=x>>1;
    }
    printf("%d\n",c);
    return 0;
}
```

比如，初始时 x 为 121，那么最后 c 就变成了 5，它表示 121 的二进制[0111 1001]中有 5 个 1。

位运算的应用场合非常广泛，如高效代替布尔型数组，表示集合、搜索算法中的哈希状态判重、动态规划算法中的状态压缩等。

四、数据结构的基本概念及应用

要学好信息学的根本就是要学习程序设计，程序设计是一门综合学科，包含程序设计语言、数据结构和算法分析与设计等。前面提到的瑞士计算机科学家沃思提出了程序的组成——算法＋数据结构＝程序，它说明了数据结构在程序设计中的作用。数据结构在信息学竞赛中地位较高，它不再是单纯地要求选手重现数据结构的模板，而是重点考查能否灵活地运用数据结构，题目越来越有思维难度和创新度。

程序设计的实质是为计算机处理问题编制一组"指令"，首先需要解决两个问题，即算法和数据结构。算法即处理问题的策略，数据结构即问题的数学模型。简单地说，数据结构是一门讨论"描述现实世界实体的数学模型（非数值计算）及其上的操作在计算机中如何表示和实现"的学科。

1.数据结构的基本概念

数据结构（Data Structure）指的是数据之间的相互关系，即数据的组织形式。换句话说，数据结构是带"结构"的数据元素的集合。"结构"即数据元素之间存在的关系，包括以下方面的内容：

（1）逻辑结构是数据元素之间的逻辑关系。逻辑结构是从逻辑关系上描述数据，它与数据的存储无关，是独立于计算机的，因此，可以看作是从具体问题抽象出来的数学模型。

（2）存储结构是数据元素及其关系在计算机存储器内的表示。存储结构是把逻辑结构用计算机语言映像到计算机的存储器中，它是依赖于计算机语言的。存储结构是具体的。

（3）运算是指对数据施加的操作。运算是定义在数据的逻辑结构上的，每种逻辑结构都有一个运算的集合。

综上所述,可以将数据结构定义为:按某种逻辑关系组织起来的一批数据,应用计算机语言,按一定的存储表示方式把它们存储在计算机的存储器中,并在这些数据上定义了一个运算的集合。

数据的逻辑结构有两类:线性结构和非线性结构。

线性结构的逻辑特征:有且仅有一个开始结点和一个终端结点,并且所有结点都最多只有一个直接前驱和一个直接后继。线性表就是一个典型的线性结构。

非线性结构的逻辑特征:一个结点可能有多个直接前驱和直接后继。树是一种一对多的非线性结构,图是一种多对多的非线性结构。集合也是一种特殊的非线性结构。

数据结构中四种典型逻辑结构如图 2—1 所示。

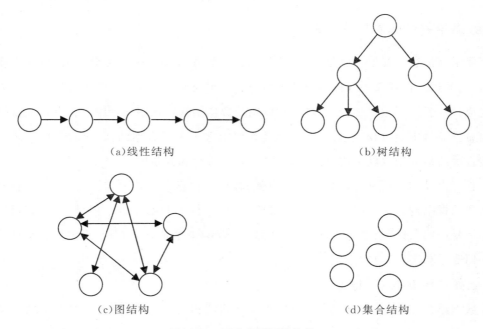

(a)线性结构　　　　　　　　　　　　(b)树结构

(c)图结构　　　　　　　　　　　　(d)集合结构

图 2—1　四种典型逻辑结构

数据的存储结构最常用的两种存储方法是顺序存储方法和链式存储方法,其相应的结构及逻辑特征如下。

顺序存储的方法:把逻辑上相邻的结点存储在物理位置上相邻的存储单元里,结点间的逻辑关系由存储单元的邻接关系来体现。由此得到的存储表示称为顺序存储结构,通常要借助于程序语言的数组来描述。

链式存储的方法:该方法不要求逻辑上相邻的结点在物理位置上亦相邻,结点间的逻辑关系是由附加的指针字段表示的。由此得到的存储表示称为链式存储结构,通常要借助于程序语言的指针类型来描述。

因为存储结构是数据结构不可缺少的一个方面，所以不同存储结构要冠以不同的数据结构名称来标识它们，如线性表、顺序表、链表、散列表。同理，由于数据的运算也是数据结构不可分割的一个方面，在给定了数据的逻辑结构和存储结构之后，按定义的运算集合及其运算的性质不同，也可能导致完全不同的数据结构，如栈、队列。

2.栈(stack)结构的应用

栈是一种特殊的线性表，限制仅在表的一端进行插入和删除运算，通常称插入、删除的这一端为栈顶，另一端为栈底，当表中没有元素时称其为空栈。

栈的数学性质：假设一个栈 S 中的元素为 a_n，a_{n-1}，$\cdots$，a_1，则称 a_1 为栈底元素，a_n 为栈顶元素。栈中的元素按 a_1，a_2，$\cdots$，a_{n-1}，a_n 的次序进栈。在任何时候，出栈的元素都是栈顶元素，所以栈的操作是按后进先出的原则进行的，如图 2—2(a)所示。

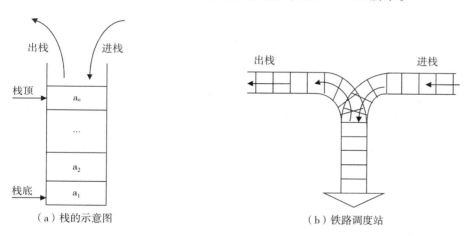

（a）栈的示意图　　　　　　　　（b）铁路调度站

图 2—2　栈结构

因此，栈又称为后进先出(Last In First Out)表，简称 LIFO 表。它的这个特点可用图 2—2(b)所示的铁路调度站形象地表示。所以，只要问题满足 LIFO 原则，就可以使用栈结构来表示。

例如，输入一个包含()和[]的括号序列，判断是否合法。具体规则如下：如果 A 和 B 都合法，则 AB 合法；如果 A 合法，则(A)和[A]都合法。

【解题思路】利用栈结构判断括号是否匹配，进而判断序列是否合法，具体解题思路如下：

(1)对输入的序列进行遍历，同时用一个栈维护当前遍历过但是未配对的括号。

(2)遍历到右括号，如果栈为空，说明无法匹配到左括号，直接退出。如果栈不为空，需与最近的左括号也就是栈顶的元素匹配。如果匹配直接出栈，继续处理序列中的下一个元素；否则直接退出。

（3）遇到左括号，入栈。

（4）遍历完之后如果栈不为空，则说明有无法匹配的左括号，序列非法。

表达式求值是栈的一个重要的应用。例如计算器中的加减乘除表达式的计算，都会使用栈来进行求值。由于算术运算的规则是"先乘除后加减"、"先左后右"和"先括号内后括号外"，即对表达式进行运算不能按其中运算符出现的先后次序进行。那么，遇到这种情况怎么办？其中一个方法是先将它转换成另一种形式。在计算机中，这种二元表达式可以有三种不同的表示方法，它们是以运算符所在不同位置命名的。

中缀表达式：运算符放在两个运算对象中间：３＊（５－２）＋７

前缀表达式：运算符放在两个运算对象之前：＋７＊３－５２

后缀表达式：运算符放在两个运算对象之后：３５２－＊７＋

三种表达式中，后缀表达式中既无括号，又不需要考虑运算符的优先级，所以后缀表达式求值过程最简单，过程如下：

使用一个顺序栈存储操作数，从左至右扫描表达式；每遇到一个操作数就送入栈中保存；每遇到一个运算符就从栈中取出栈顶的两个操作数进行计算，然后将计算结果入栈；如此继续扫描，直到表达式最后一个运算符处理完毕，这时栈顶的值就是该后缀表达式的值。例如后缀表达式３５２－＊７＋的计算过程栈的变化如图２－３所示，最终结果是16。

			－	＊	＋
			2		
		5	5	3	7
3	3	3	3	9	16

图２－３　后缀表达式３５２－＊７＋求值时栈的变化

最常见的中缀表达式如何求值呢？在中缀表达式中，运算符的出现次序与计算顺序不一致。实际计算次序不仅要看它的出现次序，还要受运算符的优先级和括号的影响。为了避免上述问题，一般可以把中缀表达式转换成等价的后缀表达式，将中缀表达式转换成后缀表达式的算法要点是：建立一个栈来存放表达式中的开括号"（"和暂时不能确定计算次序的运算符，并且规定"＊""／"的优先级大于"＋""－"的优先级。"（"的优先级最低。为了便于处理第一个运算符，栈中初始化一个最低优先级＄，然后就可以按下述步骤进行转换：

（1）从左到右扫描中缀表达式；

（2）遇到操作数则输出；

（3）遇到"（"，则进栈；

（4）遇到")"，则退栈，取栈顶元素输出，直到遇上"("为止，并将"("弹出；

（5）遇非括号运算符，则要与栈顶元素的运算符进行优先级比较，若新运算符优先级大于或等于栈顶运算符，则直接入栈；若新运算符优先级小于栈顶运算符，则输出栈中的运算符。当表达式已经读取完成，而栈中尚有运算符时，则依次取出运算符，直到栈为空。

由此就得到了后缀表达式，图2-4所示的是中缀表达式3*(5-2)+7转换成后缀表达式栈的变化过程及输出结果。

输入:3 * (5 - 2) + 7 输出:3 5 2 - * 7 +							
			-				
		(	(				
*	*	*	*		+		
$	$	$	$	$	$	$	$

图2-4　中缀表达式 3 * (5-2)+7 转换成后缀表达式的变化过程及输出结果

现在，我们来看一道等价表达式问题：明明进了中学之后，学到了代数表达式。有一天，他碰到一个很麻烦的选择题，这个题目的题干首先给出了一个代数表达式，然后列出了若干选项，每个选项都是一个代数表达式，题目的要求是判断选项中哪些代数表达式和题干中的表达式是等价的。这个题目计算起来很麻烦，明明想是不是可以用计算机来解决这个问题呢？假设你是明明，你能完成这个任务吗？

这个选择题中的每个表达式都满足下面的性质：

（1）表达式中只可能包含一个变量"a"。

（2）表达式中出现的数都是正整数，而且都小于10 000。

（3）表达式中可以包括四种运算"+"（加）、"-"（减）、"×"（乘）、"^"（乘幂），以及小括号"("和")"。小括号的优先级最高，其次是"^"，然后是"×"，最后是"+"和"-"。"+"和"-"的优先级是相同的，相同优先级的运算应从左到右进行。[注意：运算符"+""-""×""^"以及小括号"("")"都是英文字符]

（4）幂指数只可能是1到10之间的正整数（包括1和10）。

（5）表达式内部、头部或者尾部都可能有一些多余的空格。

下面是一些合理的表达式的例子：

((a^1)^2)^3,a×a+a-a,((a+a)),9999+(a-a)×a,1 + (a -1)^3,1^10^9…

【解题思路】这是NOIP 2005年的一道题，这道题可以利用栈结构解决。题目给出一个目标代数表达式及多个模式代数表达式，判断有哪些模式代数表达式与目标代数表达式是等价的。对于经典的数据结构类型题,可巧妙利用栈结构,将表达式中"a"代入若干个固定值进行计算,若所得若干结果都相同,则两代数表达式等价。为了计算方便,可将原中缀表达式转换成后缀表达式。

数据结构设计如下:a 数组存储中缀表达式,b 数组存储后缀表达式,c 数组存储运算符的栈。

以下是具体算法思路:读入目标代数表达式,剔除多余空格;读入 n 个模式代数表达式,剔除多余空格,依次计算比较;在计算过程中,需用到栈结构解决,各个运算符的优先级题目中已明确给出——小括号的优先级最高,其次是"^",然后是"×",最后是"+"和"-"。"+"和"-"的优先级是相同的,相同优先级的运算应从左到右进行。

通过比较运算符的优先级将中缀表达式转换成后缀表达式,其中数字部分按顺序存入后缀表达式即可。若当前运算符优先级大于前一个运算符,则该运算符入栈;若当前运算符优先级小于前一个运算符,则前一个运算符出栈,将其填到后缀表达式中。重复以上过程,直到前面的运算符优先级小于当前运算符优先级或栈空的时候,将当前运算符入栈。在处理第一个运算符和栈空的时候有一个小技巧:在栈的"最底层"加一个"(",当栈中只有"("时,栈为空;在遇到")"的时候需特殊处理,将")"至栈内最近的"("中所有符号按顺序出栈,添加到后缀表达式中;计算的时候从左向右扫描后缀表达式,每遇到一个运算符时,将该运算符前的两个数字按该运算符的运算方法计算,将后缀表达式中该计算结果合并为运算后的答案。

最后需要注意的一点是,虽然题目中说明幂指数的范围——"只可能是 1 到 10 之间的正整数(包括 1 和 10)",但是这里有一个特殊情况,就是可以出现连续多个幂指数,例如:a^10^10^10^10^10,所以除循环变量用 int 外,中间涉及计算的变量都应用 long long 为宜。

通过这个问题可以看出,在学习高级数据结构及多种多样的算法的同时,不要忘了基本的数据结构在解题时的灵活应用。

3.栈的高级应用——单调栈

栈在程序设计中最常见的高级应用是维护一系列具有某种单调性的元素,这种栈称作单调栈。单调栈,顾名思义就是栈内元素单调按照递增(或递减)顺序排列的栈。单调栈是一种特殊的栈,特殊之处在于栈内的元素都保持单调性。

如何保持单调性呢?首先要了解单调栈的性质。

(1)若是单调递增栈,则从栈顶到栈底的元素是严格递增的。若是单调递减栈,则从栈顶到栈底的元素是严格递减的。

(2)越靠近栈顶的元素越后进栈。

下面模拟实现一个单调递增栈：现在有一组数 10,3,7,4,12。从左到右依次入栈，如果栈为空或入栈元素值小于栈顶元素值，则入栈；否则，入栈会破坏栈的单调性，需要让比入栈元素小的元素全部出栈。单调递减的栈反之。如图 2—5 所示的是这 5 个数入栈操作后栈的变化。

1.10 入栈时，栈为空，直接入栈，栈内元素为 10；

2.3 入栈时，栈顶元素 10 比 3 大，则入栈，栈内元素为 10,3；

3.7 入栈时，栈顶元素 3 比 7 小，则栈顶元素出栈，此时栈顶元素为 10，比 7 大，则 7 入栈，栈内元素为 10,7；

4.4 入栈时，栈顶元素 7 比 4 大，则入栈，栈内元素为 10,7,4；

5.12 入栈时，栈顶元素 4 比 12 小，4 出栈，此时栈顶元素为 7，仍比 12 小，栈顶元素 7 继续出栈，此时栈顶元素为 10，仍比 12 小，栈顶元素 10 继续出栈，此时栈为空，12 入栈，栈内元素为 12。

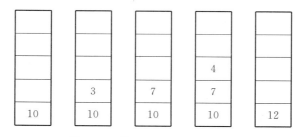

图 2—5　模拟单调递增栈的变化

利用单调栈可以找出从左遍历第一个比它小的元素的位置或找出从右遍历第一个比它大的元素的位置。

现在有一个数组 a[4] = {5,7,3,4}，请你找出每一个元素左边最靠近它的最小元素的位置（下标＋1），如果没有元素比它小，则输出 0。

输入数据：

4 7 8 5 3 1

输出数据：

0 1 2 1 0 0

【解题思路】此时会想到，从每一个数字开始向左边遍历，这是一个朴素的算法。怎样利用单调栈来解决该问题呢？可以设计如下算法思路：

(1)设计一个数组 res_left[4]，用来保存结果；

(2)开一个栈，这个栈的性质是，当栈为空的时候，对应的 res_left[i] = 0；当栈顶元素从左开始，输入的数中最小的那个的下标，如果进栈的元素小于或者等于 a[栈顶元素]，则输出 0；如果大于 a[栈顶元素]，则输出栈顶元素＋1。参考程序如下：

```
#include<iostream>
#include<stack>
using namespace std;
int a[1000],res_left[1000];#//a用来保存输入的数据,res_left用来保存对应的
结果
int main()
{
    int n;
    cin >> n;    //n表示要找的总数
    stack<int>s;
    for (int i = 0; i < n; i++)cin >> a[i];#//找出a[i]左边最近的一个比它小
    的值的下标
    for (int i = 0; i < n; i++)
    {
        while (! s.empty() && a[i] <= a[s.top()])s.pop();
        if (s.empty())res_left[i] = 0;
        else res_left[i] = s.top() + 1;
        s.push(i);
    }
    //这个栈就是单调递减栈,取最小值的时候,复杂度是O(1)
    for (int i = 0; i < n; i++)
    {
        cout << res_left[i] << " ";
    }
}
```

我们再来看一道利用单调栈性质来解决的问题:农夫约翰有 n 头奶牛正在过"乱发节"。每一头牛都站在同一排面朝右,将它们从左到右依次编号为 $1,2,\cdots,n$。编号为 i 的牛身高为 h_i,已知第 n 头牛在最右面,而第 1 头牛在最左面。

对于第 i 头牛右面的第 j 头牛,如果 $h_i>h_{i+1},h_i>h_{i+2},\cdots,h_i>h_j$,那么认为第 i 头牛可以看到第 $i+1$ 到第 j 头牛。

定义 C_i 为第 i 头牛所能看到的牛的数量。

请帮助农夫约翰求出 $C_1 + C_2 + \cdots + C_n$。

【解题思路】这是 USACO2006 年比赛的一道题,原题目是 Bad Hair Day。

注:USACO 是美国中学生的官方竞赛网站,著名在线题库,网站的训练和比赛题目题型较为全面,是学习信息学必备的网站之一。

这道题大意是有 n 头牛面向右侧排成一排,第 i 头牛有一个高度 h_i。每头牛可以看到它右面那些高度严格低于它的高度的牛,且中间没有其他高度大于等于 h_i 的牛阻隔。C_i 表示第 i 头牛可以看到的牛的数量,求 $C_1 + C_2 + \cdots + C_n$。

问题等价于查询每头牛左侧最近的、高度大于等于它的牛,考虑哪些牛可能成为答案。

如果存在一头牛 X 的高度大于等于它左侧的牛 Y,那么牛 Y 不可能成为答案,因此可能成为答案的牛的高度应从左到右严格递减。

使用一个单调栈来维护这些牛的高度。操作过程如下:从左到右依次枚举每头牛,如果当前牛的高度大于栈顶的牛的高度,那么出栈(被出栈的牛再也不可能成为答案),直到栈顶的牛的高度大于等于当前牛的高度;最后将当前牛的高度压入栈中。核心代码参考如下:

```
for (int i = 1; i <= n; ++i)
{
    while (top && h[i] > h[stk[top]])——top;
    ans += i — stk[top] — 1;
    stk[++top] = i;
}
```

4.队列(queue)结构的应用

提到队列这个词,我们或许不会感到陌生,在我们的日常生活中,应用到队列这个概念的场景非常多。日常的排队买饭,总是第一个到达窗口的人先买到然后离开,后来的人后离开;再有,去医院挂号排队,也总是遵循先来先就医的原则。计算机中的队列数据结构的设计,也是为了更好地解决这类"先来先服务"的问题。

队列和栈一样是一种运算受限的线性表。它只允许在表的一端进行插入,在另一端进行删除。允许删除的一端称为队头,允许插入的一端称为队尾。队列也称作先进先出(First In First Out)表,简称 FIFO 表。

队列的数学性质:假设队列为 $a_1, a_2, \cdots, a_n$,那么 a_1 就是队头元素,a_n 为队尾元素。队列中的元素是按 $a_1, a_2, \cdots, a_n$ 的顺序进入的,退出队列也只能按照这个次序依次退出。也就是说,只有在 a_1 离开队列之后,a_2 才能退出队列,只有在 $a_1, a_2, \cdots, a_{n-1}$ 都离开队列之后，a_n 才能退出队列。图 2-6 是队列的示意图。

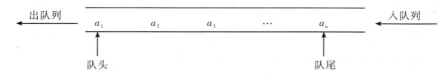

图 2-6 队列的先进先出示意图

与栈不同，队列拥有"先进先出，后进后出"的特性，同时队列也只支持两种操作，一种是在队尾进行入队列操作，一种是在队头进行出队列操作。队列的实现一般采用一个数组、一个队列头指针与一个队列尾指针。为了降低队列的空间复杂度，我们往往采用循环队列的形式。

队列不止在日常生活中有应用，在计算机系统本身的运行中也有重要的应用。计算机系统中的 CPU 资源分配就是按照队列模式进行的，在具有多个终端的计算机系统中，有多个用户需要使用 CPU 各自运行自己的程序，当多个进程争抢 CPU 资源的时候，操作系统会按照"先来先服务"的原则，即利用队列运行先请求服务的进程。另外，使用打印机打印文件也是一个队列应用场景，由于打印机的打印速度远比主机的处理速度慢，因此我们在主机和打印机之间开辟一个打印数据缓冲区，并按照队列的模式设计，送往打印机的数据按照先来后到的次序写入缓冲区，当缓冲区写满时主机便可以暂时处理其他事务；而打印机则按照先进先出的原则依次从缓冲区中取出数据进行打印，缓冲区中的数据被完全取出后向主机反馈，若此时打印任务未完成，则继续往缓冲区写入数据，否则打印机空闲。

我们再看一个停车场收益问题，一个停车场里面有 n 个停车位，编号从 1 到 n。停车场每天开始时是空的，然后按照如下规则操作：当一辆车到达停车场的时候，工作人员检查停车场是否有空车位，如果没有，这辆车会停留在入口直到有一个停车位空出来。如果有空车位，或者直到某个车位空出来了，这辆车会停进对应的停车位。如果有多个停车位是空的，这辆车会停在编号最小的停车位。如果在有车等待的时候更多的车到达了停车场，它们会按照到达的顺序排成一列，然后当有空位出现的时候，队列中的第一辆车会停进这个空位。已知停车费用等于车辆的重量与停车位的系数的乘积，停车费用与停车时间无关。停车场的工作人员知道有 m 辆车到达以及它们到达和离开的顺序，请你帮助他计算停车场能获得的收益。

【解题思路】解这个问题的思想就是一个朴素的模拟思想，一个简单的不需要任何复杂数据结构的算法，使用队列进行模拟即可，步骤如下：

（1）对于每辆车，记录它的状态（不在停车场、在队列或在停车位上），它停放的位置（如果它已经停下来），它的到达时间（如果它在队列中）。

（2）对于每个停车位，记录它是否是空的。

（3）当一辆车到达的时候，在停车位中循环找到最小的空位，如果找到了，车停到对应的停车位，否则车会进入队列，记录这辆车到达的时间。

（4）当一辆车离开的时候，它会被队列前端的车替代。在所有车中循环，找到一个仍在队列中且到达时间最早的车，如果找到了，将它停在空出的停车位上，并记录它已经不在队列中。

以上算法的时间复杂度为 $O(m^2+mn)$，它可以通过一个单独的数组维护队列来优化至 $O(mn)$，也可以通过将空车位用二叉堆维护以优化至 $O(m\log n)$。但是，由于数据规模不大，无须这些优化，简单的队列也同样可以拿到满分。

除了上述这些符合先进先出的问题可以用队列解决，队列在广度优先搜索（BFS）中作为基础数据结构，比如经典的图的遍历、迷宫问题、矩阵问题等，甚至在图论中的SPFA、拓扑排序等算法中都有广泛应用。

5.队列的高级应用——单调队列

队列也可以简单地支持弹出队尾操作，如果再加上压入队首操作，就会得到双端队列。与单调栈类似，队列也能被用于维护一系列具有某种单调性的元素，这种队列称作单调队列。单调队列是一种特殊的双端队列。我们先看看什么是双端队列。

双端队列是一种线性表，是一种遵守先进先出原则的特殊队列，如图2-7所示。双端队列支持以下4种操作：

（1）从队首删除

（2）从队尾删除

（3）从队尾插入

（4）查询线性表中任意一元素的值

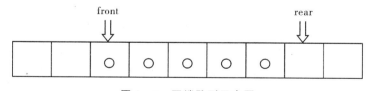

图2-7　双端队列示意图

单调队列是一种特殊的双端队列，其内部元素具有单调性。最大队列与最小队列是两种比较常用的单调队列，其内部元素分别是单调递减和单调递增的。

根据单调队列的性质可知，单调队列不断地向缓存数组里读入元素，也不时地去掉最早的元素，不定期地询问当前缓存数组里的最小的元素。那么如何维护单调队列呢？

（1）插入：若新元素从队尾插入后会破坏单调性，则删除队尾元素，直到插入后不再破坏单调性为止，再将其插入单调队列。

(2)删除:先判断队首元素是否在规定范围内,如果超出范围则删除队首元素。

(3)查找:获取最优(最大、最小)值时,访问首尾元素的时间复杂度为$O(1)$,查询其他元素则需要遍历当前队列的所有元素,即时间复杂度为$O(n)$。

我们来看一个合并果子问题:在一个果园里,多多已经将所有的果子打了下来,而且按果子的不同种类分成了不同的堆。现在多多决定要把所有的果子合成一堆。

多多把两堆果子合并到一起,消耗的体力等于两堆果子的重量之和。所以所有的果子经过$n-1$次合并之后,就只剩下一堆了。多多在合并果子时总共消耗的体力等于每次合并所耗体力之和。

由于还要花大力气把这些果子搬回家,故多多在合并果子时要尽可能地节省体力。假定每个果子的重量都为1,并且已知果子的种类数和每种果子的数目。现在要求你设计出合并的次序方案,使多多耗费的体力最少,并输出这个最小的体力耗费值。

例如有三堆果子,数目依次为1,2,9。可以先将一、二堆合并,新堆的数目为3,体力耗费值为3。接着,将新堆与原先的第三堆合并,又得到新的堆,数目为12,体力耗费值为12。所以多多总共耗费的体力值为$3+12=15$。可以证明15为最小的体力耗费值。

【解题思路】这是 NOIP 2004 年提高组的一道题,这道题可转化成这样一个问题:在一个含有n个数的表中取两个最小的数,记录他们的和S,然后在表中删除这两个数,并把S插入表中,这样反复执行了$n-1$次删除与插入操作后,表中只剩下一个数,求在这$n-1$次操作中每次插入的新数S的总和。对于这个问题,可以使用不同的数据结构给出 3 种算法。

算法 1:对于初学者来说最简单也最容易想到的算法是先将所有的数按从小到大的顺序排列,然后每次取前两个数合并,再将两个数的和插入数组中,合并过程中做数组维护,随时保持数组有序,时间复杂度为$O(n^2)$,对于$n \leqslant 10\ 000$可通过所有数据。

这个算法也可以继续优化,最开始排序的时候用快速排序,然后在插入数据的时候先用二分法查找到数据应在的位置,再进行插入,这样的时间复杂度介于$O(n\log n)$与$O(n^2)$之间,不过这种方法使一些数据容易退化,最坏情况的时间复杂度是$O(n^2)$。

算法 2:由于每次只需选最小的两个数合并,所以可以选择用二叉堆这种数据结构来实现。首先建立一个空堆,在读入数据的时候依次向堆中插入新元素,使之成为一个小根堆,每次在堆中插入新元素的时间复杂度为$O(\log n)$,所以建一个含n个元素的小根堆的时间复杂度为$O(n\log n)$。

进行合并操作时,每次取出堆的根结点和根结点的左右子结点中较小的那个结点,即取出堆中最小的数和堆中第二小的数,记录这两个数的和S,累加到总和 Sum 中,并在堆中删除这两个结点,然后把S作为新元素插入堆中,这样进行$n-1$次合并操作后,堆中只剩下一个根结点，此时 Sum 的值即为问题的解。每次在堆中删除结点和插入结点的时间复杂度均为 $O(\log n)$，所以合并的时间复杂度为 $O(n\log n)$。

这个算法的整体时间复杂度为 $O(n\log n)$，空间复杂度为 $O(n)$，可以很快地通过所有数据。

算法 3：在进行合并操作时，每次得到的新结点的大小是严格递增的，可以维护两个队列 A 和 B，队列 A 用来存原数字，队列 B 用来存新加入的数字。这样，每次就一定是在 A 和 B 的头部取两个最小的数，相加后插入队列 B 的尾部。这样，合并操作的时间复杂度就降到了 $O(n)$。因为 $a[i] \leqslant 20\,000$，所以也可以用这种排序方法来实现，整体的时间复杂度为 $O(n)$。

每次选取进行合并的两堆，不是最先给定的堆，就是合并最初堆若干次后得到的新堆，所以需要维护两个单调递增队列，队列 1 存储最初给定的堆的值，队列 2 存储合并后得到的新值。

每次选择时有三种状态：

（1）选取队列 1 的队首两个

（2）选取队列 2 的队首两个

（3）选取两队首各一个

只需对每个队列的指针做相应的更改即可，但要特别注意初始化。这道题很好地运用了题目中决策的单调性，对初始堆进行排序，保证了其单调性。而对于新产生的堆来说，一旦有新元素加入其中，则新元素一定大于原有元素，很显然，这是因为队列 1 的单调性。也就是说，这道题队列的单调性是自然而来的，是不需要维护的。下面是算法 3 的参考程序：

```cpp
#include<iostream>
#include<cstdio>
using namespace std;
long long a[10001]={0},b[10001]={0};
int c[20001]={0};
int main()
{
    long long minn=0,sum=0,t;
    int i,j,n,x=1,y=1,p,blen=0;
    cin>>n;
    for(i=1;i<=n;i++)
```

```
{
    scanf("%d",&t);
    c[t]++;
}
j=1;
for(i=1;i<=20 000;i++)
while(c[i]){a[j++]=i; c[i]--; }
for(i=1;i<n;i++)
{
    minn=2 000 000 000;
    if(a[x]+a[x+1]<minn&&x<=n-1)
    {
        minn=a[x]+a[x+1];
        p=1;
    }
    if(a[x]+b[y]<minn&&(x<=n&&y<=blen))
    {
        minn=a[x]+b[y];
        p=2;
    }
    if(b[y]+b[y+1]<minn&&y<=blen-1)
    {
        minn=b[y]+b[y+1];
        p=3;
    }
    sum+=minn;
    b[++blen]=minn;
    if(p==1) x+=2;
    if(p==2) { x++; y++; }
if(p==3) y+=2;
}
cout<<sum<<endl;
```

```
    return 0;
}
```

所以，灵活地使用数据结构是解决问题的关键。简单的队列在这里充分地发挥了它的优势，使程序的效率得到了很大的提高。

单调队列通常还用来求定长连续子区间的最值问题。用单调队列来解决问题，一般都是需要得到当前某个范围内的最小值或最大值。单调队列还可以用来优化动态规划问题，大部分单调队列优化的动态规划问题都和定长连续子区间的最值问题有关。

现在我们来看一道经典的滑动窗口问题：在一个包含 n 个元素的数组中，有一扇窗户在从左向右滑动，窗户每滑到一个位置，都可以看到 k 个元素在窗户中。对于窗户滑过的每个位置，请给出窗户内 k 个元素的最小值和最大值。

【解题思路】这道题目的模型相当于求一个序列上区间的最值问题。看到题目，第一想法应该是先枚举起始元素 a_x，然后求 a_x 到 a_{x+k-1} 的最大（小）值。朴素的方法为直接扫描，这样就得到了一个时间复杂度为 $O(nk)$ 的算法。这个算法还有优化的余地，使用线段树、ST 算法、单调队列都可以优化这个算法，我们重点看如何用单调队列高效求解这个问题。

以求最大值为例：考虑哪些数可能成为最大值？如果一个数 a[i] 右侧有比 a[i] 大的数 a[j]，那么 a[i] 就不可能成为区间内的最大值。

单调队列中维护的是所有可能成为最大值的数，这些数从左到右依次递减。当要把一个数压入队尾时，需要先把队列尾部小于这个数的所有数都弹出。

对于每一个窗口，最大值需要在窗口内部取得。由于窗口长度不变，随着右端点增大、左端点不减小，故已经在窗口外的数不可能再成为答案。如果发现队首元素已经在窗口之外，那么就把它弹出，直到队首元素出现在窗口内。窗口滑动过程如图 2—8 所示。

图 2—8 窗口滑动过程示意图

首先，要注意到所有的区间都是等长且连续的，那么对于"相邻"两个区间 (l,r) 与 $(l+1,r+1)$ 有一些极优美的性质：$a_l, a_{l+1}, a_{l+2}, \cdots, a_{r-1}, a_r, a_{r+1}$。

以最大值为例：

在区间 (l,r) 中，

$$\max(a_l, a_{l+1}, a_{l+2}, \ldots, a_{r-1}, a_r) = \max\{a_l, \max(a_{l+1}, a_{l+2}, \ldots, a_r)\}$$

在区间 $(l+1,r+1)$ 中，

$$\max(a_{l+1}, a_{l+2}, \ldots, a_{r-1}, a_r, a_{r+1}) = \max\{\max(a_{l+1}, a_{l+2}, \ldots, a_{r-1}, a_r), a_{r+1}\}$$

两个方程中有相同的部分 $\max(a_{l+1}, a_{l+2}, \ldots, a_{r-1}, a_r)$，经验告诉我们，区间 (l, r) 中最大值落在 $(l+1, r)$ 区间的概率很大。那么，在求 $(l+1, r+1)$ 的最值时，完全没有必要再扫描一次。只有当上一次的最值落在了 a_l 上时才需要重新扫描，这样，算法得到了极大的优化。

继续考虑这个问题，以最大值为例，对任意 $l \leqslant i < j \leqslant r$，如果 $a_i < a_j$，那么，在区间向右移动的过程中，最大值永远也不会落在 a_i 上，因为 a_i 比 a_j 先失效。这个性质似乎与单调队列的性质重合了。

当将区间从 (l, r) 移动到 $(l+1, r+1)$ 时，再将 a_{r+1} 插入单调队列，如果队首元素不在 $(l+1, r+1)$ 区间当中，就删除它。

上述算法的思路是因为单调队列中维护的是所有可能成为最大值的数，这些数从左到右依次递减。当要把一个数压入队尾时，需要先把队列尾部小于这个数的所有数都弹出。对于每一个窗口的最大值，都需要在窗口内部取得。由于窗口长度不变，随着右端点增大、左端点不减小，故已经在窗口外的数不可能再成为答案。因此如果发现队首元素已经在窗口之外，就把它弹出，直到队首元素在窗口内。参考程序如下：

```cpp
#include <iostream>
#include <cstdio>
using namespace std;
int q[1000010], head = 1, tail;
int n, k;
int a[1000010];
int main() {
    scanf("%d%d", &n, &k);
    for (int i = 1; i <= n; ++i)   scanf("%d", &a[i]);
    for (int i = 1; i <= n; ++i) {          // min
        while (head <= tail && a[q[tail]] >= a[i]) tail--;
        q[++tail] = i;
        if (i - q[head] >= k)
            head++;
        if (i >= k)
            printf("%d ", a[q[head]]);
    }
    printf("\n"), head = 1, tail = 0;
```

```
for (int i = 1; i <= n; ++i) {                // max
    while (head <= tail && a[q[tail]] <= a[i]) tail--;
    q[++tail] = i;
    if (i - q[head] >= k)
        head++;
    if (i >= k)
        printf("%d ", a[q[head]]);
}
}
```

单调队列除了常用于上述求解一系列随着右端点增大、左端点不减小的区间中的最大、最小元素问题，还常用于求解一个序列的符合某些不等式限制的最长连续子区间。

6.哈夫曼树及其编码的应用

二叉树是重要的树型结构，这里只讨论哈夫曼树。为了便于理解，先来看一个树的基本概念——树的带权路径长度：设二叉树具有 n 个带权叶结点，从根结点到各叶结点的路径长度与相应叶节点权值的乘积之和称为树的带权路径长度（Weighted Path Length of Tree，简称 WPL）。

设 w_i 为二叉树第 i 个叶结点的权值，l_i 为从根结点到第 i 个叶结点的路径长度，则有：

$$WPL = \sum_{i=1}^{n} w_i l_i$$

例如，给出 4 个叶结点，设其权值分别为 2，4，5，3，可以构造出形状不同的多个二叉树，这些形状不同的二叉树的带权路径长度各不相同。图 2—9 是其中一种形态，其带权路径长度的计算过程与结果如下：

$$WPL = 2 \times 2 + 3 \times 2 + 4 \times 2 + 5 \times 2 = 4 + 6 + 8 + 10 = 28$$

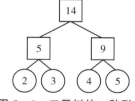

图 2—9 二叉树的一种形态

所以，对于给定一组具有确定权值的叶结点，可以构造出不同的二叉树，其中，WPL 最小的二叉树称为最优二叉树。构造这种树的算法最早由哈夫曼于 1952 年提出，所以最优二叉树也被称为哈夫曼树（Huffman Tree）。对于哈夫曼树来说，其叶结点权值越小，离根越远；叶结点权值越大，离根越近。此外其仅有叶结点度为 0，其他结点度均为

信息学奥赛思维训练

培养创新与解决问题的能力

XINXIXUE AO-SAI SIWEI XUNLIAN

PEIYANG CHUANGXIN YU JIEJUE WENTI DE NENGLI

2,最优二叉树是一种严格二叉树。

哈夫曼算法用于构造一棵哈夫曼树,算法步骤如下:

(1)由给定的 n 个权值构造 n 棵只有一个根节点的二叉树,得到一个二叉树集合 F;

(2)从二叉树集合 F 中选取根节点权值最小的两棵二叉树分别作为左、右子树构造一棵新的二叉树,这棵新二叉树的根节点的权值为其左、右子树根结点的权值和;

(3)从 F 中删除左、右子树的两棵二叉树,并将新建立的二叉树加入 F 中;

(4)重复步骤(2)、(3),当集合中只剩下一棵二叉树时,这棵二叉树就是哈夫曼树。

构造过程如图 2—10 所示。

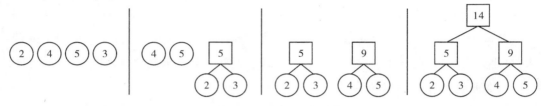

图 2—10　哈夫曼树的构造过程

STL(Standard Template Library),是 C++中非常实用的标准库文件,包含很多 C++自带算法,可以实现一些常用的操作,且效率比较可观。其中 priority_queue 优先队列对解决哈夫曼树算法非常便利,使用优先队列必须包含 queue 头文件,参考程序如下:

```cpp
#include <iostream>
#include <queue>
using namespace std;
int main(){
    //优先队列的排列顺序为小的在队头
    priority_queue<int, vector<int>, greater<int>> q;
    int n, x;
    cin >> n;
    for(int i = 0; i < n; i++){
        cin >> x;
        q.push(x);
    }
    int ans = 0;
    while(q.size()>1){
        int a, b;
        a = q.top();    q.pop();
```

```
        b = q.top();    q.pop();
        q.push(a+b);
        ans += a+b;
    }
    cout << ans <<endl;
    return 0;
}
```

哈夫曼树建好后的另一个重要应用就是对叶子节点进行编码,下面我们再研究一下如何进行哈夫曼编码。在进行程序设计时,通常给每一个字符标记一个单独的代码来表示一组字符,即编码。在进行二进制编码时,假设所有的代码都等长,那么表示 n 个不同的字符需要 $\lceil \log_2 n \rceil$ 位,称为等长编码。

如果每个字符的使用频率相等,那么等长编码无疑是空间效率最高的编码方法,而如果字符出现的频率不同,则可以让出现频率高的字符采用尽可能短的编码,出现频率低的字符采用尽可能长的编码,来构造出一种不等长编码,从而获得更好的空间效率。

在设计不等长编码时,要考虑解码的唯一性,如果一组编码中任一编码都不是其他任何一个编码的前缀,那么称这组编码为前缀编码,这保证了编码被解码时的唯一性。

哈夫曼树可用于构造最短的前缀编码,即哈夫曼编码(Huffman Code),其构造步骤如下:

(1)设需要编码的字符集为 $d_1, d_2, \cdots, d_n$,它们在字符串中出现的频率为 $w_1, w_2, \cdots, w_n$。

(2)以 $d_1, d_2, \cdots, d_n$ 作为叶结点,$w_1, w_2, \cdots, w_n$ 作为叶结点的权值,构造一棵哈夫曼树。

(3)规定哈夫曼编码树的左分支代表 0,右分支代表 1,则从根结点到每个叶结点所经过的路径组成的 0、1 序列即为该叶结点对应字符的编码。

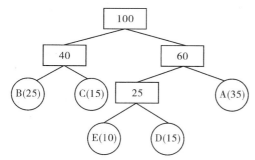

字符	频率	编码
A	35	11
B	25	00
C	15	01
D	15	101
E	10	100

图 2-11 构造哈夫曼树并编码

根据香农提出的信息熵理论,对于一个字符串,其理论最小平均编码长度:

$$L = -\sum_{\sigma \in \Sigma}^{m} p_\sigma \log p_\sigma$$

其中,p_σ 为字符 σ 出现的频率,Σ 为字符串中出现的所有字符的集合。在实际应用中,不同的编码方法可能会达到或接近这个理论最小平均编码长度。哈夫曼编码是在实际应用中使用比较广泛的编码方法之一,它通过优化编码方案来接近或达到熵所表示的理论最小平均编码长度。

我们来看一个 NOI 比赛中出现过的问题,即"荷马史诗"问题:Allison 最近迷上了文学。她喜欢在一个慵懒的午后,细细地品上一杯卡布奇诺,静静地阅读她爱不释手的《荷马史诗》。但是由《奥德赛》和《伊利亚特》组成的鸿篇巨制《荷马史诗》实在是太长了,Allison 想通过一种编码方式使它变得短一些。已知一部《荷马史诗》中有 n 种不同的单词,将它们从 1 到 n 进行编号,其中第 i 种单词出现的总次数为 w_i。Allison 想要用 k 进制串 s_i 来替换第 i 种单词,使其满足如下要求:对于任意的 $1 \leqslant i, j \leqslant n, i \neq j$,都有 s_i 不是 s_j 的前缀。现在 Allison 想要知道如何选择 s_i,才能使替换以后得到的新的《荷马史诗》长度最小。在确保总长度最小的情况下,Allison 还想知道最长的 s_i 的最短长度是多少。

一些定义:一个字符串被称为 k 进制字符串,当且仅当它的每个字符是 0 到 $k-1$ 之间(包括 0 和 $k-1$)的整数;字符串 Str_1 被称为字符串 Str_2 的前缀,当且仅当:存在 $1 \leqslant t \leqslant m$,使得 $Str_1 = Str_2[1...t]$。其中,m 是字符串 Str_2 的长度,$Str_2[1...t]$ 表示 Str_2 的前 t 个字符组成的字符串。

求出《荷马史诗》经过重新编码以后的最短长度;求确保最短总长度的情况下,最长字符串 s_i 的最短长度。

【解题思路】这个问题是 NOI 2015 年的一道题,被称为"荷马史诗"。和前面研究的不同点就在于这个问题需要处理的是 k 叉哈夫曼树问题。

k 叉哈夫曼树的构造与二叉哈夫曼树的构造类似,只是在选取最小权值的时候需要遍历 k 个结点。

但是有一个问题,节点个数减 1 不是 $k-1$ 的倍数,就会存在至少一次合并时无法选择 k 个节点。那么何时进行这次合并呢?

太靠近根节点不是好的选择,会使一些较短的编码被浪费,所以应该使得这次合并得到一个高度为 1 的子树。具体来说,如果根据总节点数计算出需要进行一次不完全的合并,那么就在第一次合并时进行。

这个问题的第一问就是哈夫曼编码总长度。第二问是最长编码的最短长度,就是哈夫曼树的高度。但是哈夫曼树可能有多个,需要枚举所有的哈夫曼树。如何求出最小高度哈夫曼树?

在记录子树总权值的同时记录子树深度,在权值相同的条件下,优先选择深度小的子树进行合并。参考程序如下:

```
#include <bits/stdc++.h>
#define int unsigned long long
typedef unsigned long long ll;
#define pii pair<ll, int>
using namespace std;
const int N = 1e5 + 5;
priority_queue<pii, vector<pii>, greater<pii>> q;
ll ans;
main() {
    int n, k;
    cin >> n >> k;
    for (int i = 1; i <= n; i++) {
        int w;
        cin >> w;
        q.push(pii(w, 0));
    }
    int num = n - 1 - ((n - 1) / (k - 1)) * (k - 1);
    if (num) {
        ll temp = 0;
        for (int i = 1; i <= num + 1; i++) {
            temp += q.top().first;
            q.pop();
        }
        ans += temp;
        q.push(pii(temp, 1));
        n -= num;
    }
    for (int ii = 1; ii <= (n - 1) / (k - 1); ii++) {
        ll temp = 0;
```

```
        int dep = 0;
    for (int i = 1; i <= k; i++) {
            temp += q.top().first;
            dep = max(dep, q.top().second);
            q.pop();
        }
        ans += temp;
        q.push(pii(temp, dep + 1));
    }
    cout << ans << "\n" << q.top().second;
return 0;
}
```

五、算法入门与思维创新实践

1.算法与程序的区别与联系

什么是算法(Algorithm)？算法是程序设计的精髓,程序设计的实质就是构造解决问题的算法,可将其解释为计算机语言。算法是对问题求解过程的一种描述,是为解决一个或一类问题给出的一个确定的、有限长的操作序列。算法必须满足下述准则：

(1)输入:具有 0 个或多个输入的外界量,它们是算法开始前对算法给出的最初量。

(2)输出:至少产生一个输出,它们是同输入有某种关系的量。

(3)有限性:算法中每条指令的执行次数都是有限的,执行每条指令的时间也是有限的。

(4)确定性:组成算法的每条指令都是清晰、无歧义的。

(5)可行性:算法中每一步运算应该是可行的。

什么是程序(Program)？程序是算法用某种程序设计语言的具体实现。程序可以不满足算法的有限性。编写程序的过程就是在实施某种算法,因此程序设计的实质就是用计算机语言构造解决问题的算法。算法是程序设计的灵魂,一个好的程序必须有一个好的算法,一个没有有效算法的程序就像一个没有灵魂的躯体。

算法与程序的区别与联系：

(1)一个程序不一定满足有穷性,而算法必须有穷。

(2)程序中的指令必须是机器可执行的,而算法中的指令则无此限制。

(3)一个算法若用机器可执行的语言来书写,那么它就是一个程序。

（4）算法可以用程序来描述，也可以用自然语言、数学语言或其他约定的符号来描述。

2.算法的复杂度如何评估？

算法的复杂性是算法效率的度量，是评价算法优劣的重要依据。那么如何评价算法？首先要确保算法是正确的，每个输入要有正确的输出结果。在正确的基础上，一个好的算法还要考虑执行算法所耗费的时间和执行算法所耗费的存储空间，包括算法的辅助存储空间，一个好的算法就是在时间复杂度和空间复杂度之间找一个平衡点，且该算法具有易于理解、易于编码、易于调试等特点。所以，在算法学习过程中，必须学会对算法进行分析，学会预判算法的优劣，由于计算机内存不断增加，对空间复杂度可以不做太多的考虑，主要以时间复杂性来衡量算法的优劣，时间复杂性越低，对应的算法就越优。

要评价一个算法，首先要掌握以下几个相关概念：

频度：一条语句的执行次数。

时间耗费：该算法中所有语句的频度之和。

规模：一般地，是指算法求解问题的输入量。

时间复杂度 $T(n)$：指该算法的时间耗费，它是问题规模的函数。

渐进复杂度 $f(n)$：问题规模 n 趋向无穷大时，$T(n)$ 的数量级称为算法的渐进复杂度。记作 $T(n)=O(f(n))$。

评价一个算法的时间性能时，主要标准是算法时间复杂度的数量级，即算法的渐进时间复杂度。在分析时间复杂度时，遵循的原则是：简单语句不管有几个，复杂度为常数，记为 $O(1)$；循环语句只考虑循环次数，嵌套时只考虑最内层的，并列时取最大的；在复杂度不仅与问题规模有关，而且与数据集的状态有关的情况下，通常要算最坏时间复杂度，有时还要计算平均时间复杂度。程序设计中常见的时间复杂度如下：（按数量级递增列）

常数阶	$O(1)$
对数阶	$O(\log n)$
线性阶	$O(n)$
线性对数阶	$O(n\log n)$
平方阶	$O(n^2)$
立方阶	$O(n^3)$
k 次方阶	$O(n^k)$
…	…
指数阶	$O(2^n)$

在信息学奥林匹克竞赛中，解题的主要任务就是设计一个有效的算法求解给出的问

题。仅仅学会一种程序设计语言,而没学过算法的选手在比赛中是不会取得较好成绩的,选手水平的高低在于能否设计出好的算法,掌握了算法分析有利于选手设计出满足题目要求的算法。

3.编程学习过程中的计算思维

计算思维(Computational Thinking)是指如何像计算机科学家一样思考,将问题分解,一步一步地思考,并在思考的过程中不断调整思路。计算思维是一种面向未来的核心认知能力,像计算机科学家通常所做的那样应用推理和解决问题是一种技能,这不仅与计算机科学有关,而且在其他学科中也有很大的价值。

2006 年 3 月,卡内基梅隆大学的周以真教授首次提出了计算思维的概念:"计算思维是运用计算机科学的基础概念去求解问题、设计系统和理解人类的行为。它包括了涵盖计算机科学之广度的一系列思维活动。"计算思维已经是实验思维、理论思维之后科学研究的第三大思维,学会用计算思维思考和学习,是智能时代公民信息素养的重要基础。目前计算思维已经渗透到脑科学、化学、地质学、数学、经济学、社会学等各个学科,正在潜移默化地影响和推动各领域的发展。

计算思维是为了便于人机沟通,便于实现用计算机解决问题的一种思维方式。它不是要像计算机一样思考,而是要架起人机交流之桥梁的核心思维模式。在用计算思维解决问题时,人负责把实际问题转化为可计算问题,并设计算法让计算机去执行,计算机负责具体的运算任务,通过运算,达到人想要实现的目标,并将这个结果呈现出来,这就是计算思维里的人机分工。

运用计算思维进行问题求解的主要步骤:把实际问题抽象为数学模型;把数学模型中的变量等用特定的程序语言符号化;编程把解决问题的逻辑分析过程写成算法;执行算法,进行求解。除了计算思维外,还有很多思维方式都可以应用到编程中,编程的过程就是将各种思维方式融入学习和思考过程中,例如,描述性思维、比较性思维、类比性思维、分类性思维、整体分析思维、因果关系思维、发散性思维、程序性思维等。学习编程的过程,就是不断地把原有的知识结构转换为抽象计算思维,进而学会通过程序帮助我们解决问题。

4.常用的算法策略——枚举策略

枚举策略,又被称为穷举策略,指在一个有穷的可能的解的集合中,一一枚举出集合中的每一个元素,用题目给定的检验条件来判断该元素是否符合条件,若满足条件,则该元素即为问题的一个解;否则,该元素就不是该问题的解。

枚举的思想是最容易想到的一种解题策略,也是利用计算机解决问题最常用的方法,可以说是用计算机解决问题的一种特色算法。枚举方法从本质上说是一种搜索算法，即对待解决问题的所有可能解的状态集合进行一次扫描。因此，在问题的可能解的规模不是特别大，且解变量的值的变化具有一定的规律性时，枚举法常常被选作问题的求解方法，在具体的程序实现过程中，可以通过循环语句和条件判断语句来完成。

"百钱买百鸡"是我国古代著名的数学题。"今有鸡翁一，值钱五；鸡母一，值钱三；鸡雏三，值钱一。凡百钱买鸡百只，问鸡翁、母、雏各几何。"

【解题思路】题目意思是：五文钱可以买 1 只公鸡，三文钱可以买一只母鸡，一文钱可以买 3 只小鸡。用一百文钱买 100 只鸡，那么各有公鸡、母鸡、小鸡多少只？

用数学思维解决这个问题，通常会列出一个方程组，设鸡翁 x 只，鸡母 y 只，鸡雏 z 只，则有：

$$x+y+z=100$$

$$5x+3y+\frac{z}{3}=100$$

同时满足上述两个方程的 x、y、z 值就是所求。

根据这个思路，问题就转化为求解方程组，列举 x、y、z 的所有可能解，然后判断这些可能解能否使方程组成立。能使方程组成立的，就是真正的解。

用计算机编程的思维解决这个问题，就可以利用枚举策略，把鸡翁、鸡母、鸡雏各自的取值范围确定出来，然后通过循环语句枚举并通过条件判断语句取出不符合条件的值，这样的思维方法就是充分利用计算机运算速度快的优势。这里有三个状态量：鸡翁、鸡母、鸡雏，分别将它们的数量设为 x,y,z，则它们的取值范围是可以确定的，即 $0 \leqslant x \leqslant \frac{100}{5}, 0 \leqslant y \leqslant \frac{100}{3}, 0 \leqslant z \leqslant 99$。算法可描述如下：

```
for (x=0;x<=100/5;x++)        //列举鸡翁数的所有可能
for (y=0;y<=100/3;y++)        //列举鸡母数的所有可能
for (z=0;z<=99;z++)           //列举鸡雏数的所有可能
if(5*x+3*y+z/3==100 && x+y+z==100 && z%3==0)   //满足两个
```
方程组

```
cout<<x<<" "<<y<<" "<<z<<endl;   //输出 x、y、z 值
```

上述算法用了一个三层循环的程序解决问题。当 x 取得一个数值时，for 的 y 循环体都要执行遍 y 的所有取值；当 y 取得一个数值时，for 的 z 循环体都要执行遍 z 的所有取值；对于 z 的每一个取值，if 语句都要执行一次。在程序的执行过程中，作为最内层循环体的 if 语句，将被执行：$\left(1+\frac{100}{5}\right) \times \left(1+\frac{100}{3}\right) \times (1+99)=71\,400$ 次。而问题的解只有 4 组。如何减少循环次数呢？

由于鸡翁、鸡母、鸡雏共 100 只，一旦确定鸡翁数量 x 和鸡母数量 y，鸡雏便只能购买 $100-x-y$ 只。所以只要写两层循环的程序，就可以解决这个问题，算法优化后描述如下：

```
for（x＝0；x＜＝100/5；x++）          //列举鸡翁数的所有可能
for（y＝0；y＜＝100/3；y++）          //列举鸡母数的所有可能
{
z＝100－x－y；                      //根据 x,y 计算鸡雏的数量
if(5＊x＋3＊y＋z/3＝＝100 && z%3＝＝0)   //判断总钱数是否符合条件
cout<<x<<" "<<y<<" "<<z<<endl；     //输出 x、y、z 值
```

这样内层循环的 if 语句将被执行：$\left(1+\dfrac{100}{5}\right)\times\left(1+\dfrac{100}{3}\right)=714$ 次，减少了 99％的枚举次数。所以，为了提高效率，可以根据题目在程序中进行适当优化，减少循环体的执行次数。

枚举算法的思路简单，程序编写和调试方便，选手在参加比赛时也容易想到，在竞赛的有限时间内，最终目标就是尽量得到高分，所以如果题目的规模不是很大，枚举策略能在规定的时间与空间限制内求出解，就可以大胆地使用，这样可以使选手有更多的时间去解答难题。当然，如果枚举范围太大，枚举法在时间上花费的时间较长，就要对程序进行优化，以达到合理的时间复杂度。

我们来看一道最佳旅游路线问题：有一座旅游城市，它的街道成网格状。其中，东西向的街道相当于风景线，两旁分布着许多景观；南北向的街道都是林荫道，两旁没有任何建筑物。由于游客众多，"风景线"被规定为单行道，游客在风景线上只能从西走到东，林荫道上则可以任意行走。

一名游客根据自己对景观的喜好给所有的风景线打了分，分值是从－100 到 100 的整数，分值越大表示他越喜欢这条风景线上的景观，图 2－12 所示的就是该游客给街区的打分。显然这名游客不可能给这座旅游城市的所有风景线都打负分。游客可以从任意一个十字路口开始游览，在任意一个十字路口结束游览，希望一路上游览的所有风景线的分值之和能够尽可能地大。请你写一个程序，帮助这位游客寻找一条最佳的游览路线。

－50	－47	36	－30	－23
17	－19	－34	－13	－8
－42	－3	－43	34	－45

图 2－12　某游客给街区的打分

【解题思路】这是 NOI 1994 年的题目。我们首先需要将问题转化：由于只能由西向东走，所以每一纵行至多只能通过一次，而对于同一纵行的旅游街道，可以通过林荫道自由到达。为了达到题目最佳的要求，只需走分值最大的街道就可以了。林荫道不参与打

分,也就是说,无论游客在林荫道中怎么走,都不会影响得分。若游客需经过某一列的旅游街道,则他一定要经过这一列的 M 条旅游街道中分值最大的一条,才会使他所经路线的总分值最大,这是一种贪心策略。贪心策略的目的是降维,使题目所给出的一个矩阵变为一个数列。

下一步便是如何对这个数列进行处理。由于最优游览线路的起点和终点是任意的,所以问题转换为求数列的连续最大和问题。我们可以用枚举策略求连续最大和问题,设 $F[i]$ 为第 i 列所有格线中最大分值。因此,只能列举这条游览线路的所有可能的子线路,从中找出一条子线路 $i—>i+1—>\cdots—>j(1\leq i<j\leq n)$,使得经过游览街的总分值 $F[i]+F[i+1]+\cdots+F[j]$ 最大。显然,这个解题过程不难实现:设 best 为最佳游览线路的总分值,初始时为 0;sum 为当前游览线路的总分值,程序框架如下:

```
best＝0;   sum＝0;
    for   (i=1; i<n;i++)
      for (j=i+1;j<＝n;j++)
        {
          sum＝ F[ i ] + F[ i +1] +…+ F[ j ];
          if (sum＞best) best＝sum;
        }
```

如果将 sum 的计算和 sum 与 best 的比较作为基本运算的话,这种算法的时间复杂度为 $O(n^2)$。当林荫道较多时,效率明显下降。

其实这一步同样可以采用贪心策略求解。从第 1 列开始搜索最优的子路线,若当前子路线延伸至第 i 列时发现总分值 sum<0,则放弃当前子路线。因为无论这时 F[i+1] 为何值,当前子路线延伸至第 i+1 列后的总分值都不会大于 F[i+1]。因此应该从第 $i+1$ 列开始重新考虑一条新的路线。这样,算法简化成一重循环,时间复杂度变为 $O(n)$。程序框架如下:

```
        best＝0;sum＝0;
        for (i=1;i<＝n;i++)
          {
            sum＝sum＋F[i];
            if (sum＞best)  best＝sum;
            if (sum＜0)   sum＝0;
          }
```

所以,减少重复运算、力求提前计算所需数据、使用恰当的数据结构进行算法优化等方法是优化枚举算法的常用手段。

我们再来看一个酒厂的选址问题:戒酒岛的居民们酷爱一种无酒精啤酒。以前这种啤酒都是从波兰进口,但今年居民们想建一个自己的啤酒厂。岛上所有的城市都坐落在海边,并且由一条沿海岸线的环岛高速路连接。酒厂的投资者收集了关于啤酒需求量的信息,即每天各城市消费的啤酒桶数,另外还知道相邻城市之间的距离。每桶啤酒每英里的运费是1元。日运费是指将所需要的啤酒从酒厂运到所有城市所必需的运费之和,日运费的多少和酒厂的选址有关。投资者想找到一个合适的城市来建啤酒厂,以使得日运费最小。

【解题思路】这道题是POI 2000年的题目,POI是波兰信息学竞赛(Polish Olympiad in Informatics)的简称,POI的题目难度较大,在各国高水平OI选手中有很大的影响,是中国OI选手训练题目的重要来源。

本题很明显应采用枚举的方法,比较容易想到的是一种$O(n^2)$的算法:依次枚举在每一座城市建酒厂,对于每种酒厂选址,考察所有城市的运费并求和,最后得出最小运费。$O(n^2)$的复杂度对于10 000个以内的城市规模来说是可以接受的,但如果城市数量再多,时间复杂度就不能接受了。在这个基本的枚举算法的基础上做些改进,可以得到一种$O(n)$的算法。仍然是枚举在每座城市建酒厂,但在求总运费时不再一一考察每座城市的分运费,而是利用酒厂建在上座城市时的总运费推出当前总运费。

假设城市沿环形公路顺时针排列,编号为$0 \sim (n-1)$。设一辅助变量mid,若啤酒厂建在城市I,则城市$(I+1)\%n$、$(I+2)\%n$…mid所需的啤酒从啤酒厂沿顺时针方向运输距离较短,设这些城市总的消费量为$Z_{(I+1)\%n} + Z_{(I+2)\%n} \cdots + Z_{mid} = ld$;余下的城市$(mid+1)\%n$、$(mid+2)\%n$…城市I逆时针方向运输较近,$Z_{(mid+1)\%n} + Z_{(mid+2)\%n} \cdots + Z_i = rd$。

每当啤酒厂从城市I移动到城市I+1后,城市$(I+1)\%n$、$(I+2)\%n$…mid到酒厂的距离都会减少D_i,城市$(mid+1)\%n$、$(mid+2)\%n$…城市I到酒厂的距离都会增加D_i,于是当前费用current变化成current$+D_i * (rd-ld)$。

但同时由于酒厂顺时针移动,城市mid可能要改变,还要对mid进行调整:

当城市$(mid+1)\%n$顺时针移动到城市I+1的距离小于逆时针移动时,mid变化为$(mid+1)\%n$,并修改相应的费用。因为mid指针在整个过程中旋转不会超过一圈,所以并不会使总复杂度增加。在当前城市的循环过程中只要保持current、mid、ld、rd等变量的意义,就可以得出正确结果,而且总复杂度为$O(n)$。

我们再来看一个经典的密度图问题:在Byte Land上有一个地区,蕴藏了Byte Land上最珍贵的Bit矿物质。科学家们将这个地区划分成了$n \times n$个相同大小的单元格,并对每个单元格进行了考察研究:有的单元格中有丰富的 Bit 矿物质——科学家用 1 来标识;有的单元格蕴藏的矿物质很少——科学家用 0 来标识。

假设用 $W(i, j)$ 和 $F(i', j')$ 来分别表示两个单元格,那么它们之间的距离被定义为: $\max(|i - i'|, |j - j'|)$,例如 $W(1, 3)$ 和 $F(4, 2)$ 的距离为 3。

鉴于可持续发展的思想和开采能力的限制,Byte Land 当局计划以一个单元格为中心,开采与中心距离不超过 R 的所有单元格内的矿藏。为了选定一个合适的单元格作为中心,当局希望能够预先了解以任意一个单元格为中心时,开采量的情况。

于是,当局将一张矿藏地图交给你,上面的 $n \times n$ 个单元格中包含数字 0 或 1。你被要求根据这张矿藏地图,绘制出相应的"矿藏密度图",分别以每个单元格为中心,计算与中心距离不超过 r 的所有标识为 1 的单元格个数。

【解题思路】这道题是 POI 2001 年的一道题目。题目给出一个 $n \times n(1 \leqslant n \leqslant 250)$ 的矩阵,分别用 0、1 表示,统计各个矩阵单元四周一定范围 $[X \pm r, Y \pm r](1 \leqslant r \leqslant 250)$ 内用 1 表示的单元个数。

对于这个问题,一般都能想到用枚举法解答,枚举每一个点,并在要求范围内做累加。时间复杂度是 $O(n^2(2r+1)^2)$。如果 n、r 都最大,则时间复杂度可达到 $O(n^4)$,这样必然要超时。原因如下:如图 2-13 所示,在统计单元 a 的四周($r=1$)时,已经统计了图中灰色的部分,而统计单元 b 的四周时,再次统计了图中灰色部分。这样,同样的操作做了很多遍,造成了不必要的时间浪费。

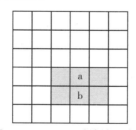

图 2-13 $r=1$ 时统计示意图

因此,可以先统计出各个点与前 $2r$ 之和并保存,在计算单元四周时,只需把已经统计并记录的各行之和加起来。这样就节省了大量的时间,把时间复杂度降到 $O(n^3)$。但是,即使是这样,其时间复杂度依然很大。

于是,继续上面的分析,我们可以发现,灰色部分的两次加和是不必要的,而且统计横向相邻各点前 $2r$ 点之和时也进行了多次相加。

因而可以用舍头加尾的方法来利用已知相邻解推出所求解,最终的时间复杂度为 $O(2n^2 + (n+r)^2 + n(n+r))$。细节方面,可以将规定的矩阵边界延伸,创造一些虚拟单元,并赋值为 0。这样,在处理边界问题上可以更方便。

上述算法只是在枚举的基础上进行优化,使每一步运算都具有唯一性和必要性,避免不必要的浪费。在一时无法想出更为高效适用的算法时,可以选择最为原始的枚举法。如果能较好地优化,往往结果会很不错。在发现算法不完善时,如果仔细分析算法的不完美之处,并逐步解决,原本不正确的算法也会变为完美的算法。

这个算法并不是最优的解法,还有更具有推广意义的算法,对于本题来说可以分两个步骤求解。首先可以求出以(1,1)和(x,y)为顶点的矩阵中的数字和,实现很简单,可以用二重循环来实现,即预先统计出(1,1)点到各个顶点的数字和,用 F(x,y) 表示以(1,1)和(x,y)为顶点的矩阵中的数字和。

知道(1,1)点到各个顶点的数字和之后,再统计以(x,y)为中心,边长为2R+1的矩阵的数字和,设这个矩阵的两个对角坐标为(x₁,y₁)和(x₂,y₂)。如图 2—14 所示,预先计算出的 F 数组的值,可以得出以(x,y)为中心,边长为2R+1的矩阵数字和 T 的计算公式:

$$T = F(x_1, y_1) - F(x_2, y_1) - F(x_1, y_2) + F(x_2, y_2)$$

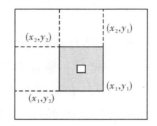

图 2—14 边长为 2R+1 的矩阵数字和示意图

有了上面的公式,在求解以任意一点为中心,边长为 2R+1 的矩阵数字和时,就可以再用一次二重循环求出每个点的数字和,整个题的时间复杂度就降到了 $O(n^2)$,还可以推广到三维问题上。参考程序如下:

```cpp
#include <iostream>
#include <cstdio>
#include <cstring>
using namespace std;
const int Maxn = 255;
int s[Maxn][Maxn];
int ans[Maxn][Maxn];
int n, i, j, r, x;
int Xn, Xn2, Yn, Yn2;
int main() {
    cin >> n >> r;
```

```
memset(s, sizeof(s), 0);
s[0][0] = 0;
s[0][1] = 0;
s[1][0] = 0;
for (i = 1; i <= n; i++)
    for (j = 1; j <= n; j++) {
        cin >> x;
        s[i][j] = s[i - 1][j] + s[i][j - 1] - s[i - 1][j - 1] + x;
    }

for (int i = 1; i <= n; i++)
    for (int j = 1; j <= n; j++) {
        Xn = min(i + r, n);
        Yn = min(j + r, n);
        Xn2 = max(i - r - 1, 0);
        Yn2 = max(j - r - 1, 0);
        ans[i][j] = s[Xn][Yn] - s[Xn2][Yn] - s[Xn][Yn2] + s[Xn2][Yn2];
    }

for (int i = 1; i <= n; i++)
    for (int j = 1; j <= n; j++) {
        cout << ans[i][j];
        if (j != n)
            cout << " ";
        if ((j == n) && (i != n))
            cout << endl;
    }
return 0;
}
```

最后我们再看一个枚举优化问题：在一个 01 矩阵中，包含很多的正方形子矩阵，现在要求出这个 01 矩阵中最大的正方形子矩阵，使得这个正方形子矩阵中的某一条对角线上的值全是 1，其余的全是 0。

【解题思路】这也是个经典问题，可以用动态规划算法来解决。但当选手没有掌握更多算法策略时,动态规划算法对初学者是极其复杂的,需要考虑很多种情况,甚至需要进行矩阵翻转。所以这个问题利用优化之后的枚举策略便容易解答。

对于这道题来说,朴素的枚举算法可以描述如下:枚举矩阵中的每一个点,以这个点为左上角和右上角分别构造正方形,然后再扫描这个正方形判断它是否合法。但是这样做的效率极低。理论上来说,这种算法需要四重循环,理论时间复杂度高达 $O(n^4)$,事实上并没有这么高,因为矩阵没有那么稠密,但即使理论时间复杂度在 $O(n^3)$ 左右,使用这种算法也超时了。

那么,是否可以优化这个算法呢?当然!可以注意到,在判断正方形是否合法时,需要访问该正方形中的全部节点;而一次一次地构造正方形再扫描,就产生了大量的冗余。这道题中描述的矩阵由于都是 0 和 1,所以可以定义数组 $sum[i][j]$ 为原点 $(1,1)$ 到 (i,j) 点所有的元素的和,则有:

$$sum[i][j] = Map[i][j] + sum[i-1][j] + sum[i][j-1] - sum[i-1][j-1]$$

若已经构造出了一个正方形,其左上角坐标为 (x_1, y_1),右下角为 (x_2, y_2),如果 $sum[x_2][y_2] - sum[x_2-1][y_1] - sum[x_1-1][y_2] + sum[x_1-1][y_1-1]$ = 对角线长度,即该正方形中只有对角线上的元素是 1,那么该正方形是合法的。解决这个问题和上一个密度图问题的思维有异曲同工之妙。

这样可以成功地把判断正方形是否合法的算法时间复杂度从 $O(n^2)$ 降低到了 $O(1)$,整体时间复杂度就降低到了 $O(n^2)$,对于 1 000 的数据足够了,实际上用的时间比较长,是 $O(n^2)$ 前面的系数比较大的缘故。但是,经过这样优化,枚举算法运行的速度已经十分接近甚至快过动态规划算法。可以看出,即使是简单算法,经过适当的优化后也能十分有效地解决问题。

5.常用的算法策略——分治策略

用计算机求解问题所需的计算时间往往与其规模有关。问题规模越小,解题所需的计算时间也越少,从而也越容易计算。要想解决一个较大规模的问题,有时直接求解是非常困难的,有些问题的解甚至根本无法直接求出。这种情况下,我们可以尝试将这个规模较大的问题分解为若干个规模较小的子问题,这些子问题互相独立且与原问题相同。找出各部分的解,然后把各部分的解组合成整个问题的解,分治策略就是这样一个策略。

如何使分治策略效率更高,关键在于如何划分 k 个子问题。实践证明,出于一种平衡原则,在用分治策略设计算法时,最好是子问题的规模大致相同。通常取 $k=2$,即常说的二分法,因为这样划分程序简单且方便子问题解的合并。也有将问题一分为三或一分为多的情况,如果 $k > 2$ 就要增加分析子问题和合并子问题的复杂度,所以我们在这里只讨论二分的情况。

OI 中常见的分治策略包含序列分治、树分治和值域分治等。NOIP 范围内仅涉及序列分治。序列分治一般是把规模为 n 的序列问题划分为两个规模为 $\frac{n}{2}$ 的子问题，分别递归求解。进行序列分治时，有时需要在划分时进行一些处理，确定序列中哪些元素组织在同一个子问题中，同时为子问题的求解做一些准备，例如快速排序。有时需要在子问题求解完成后，将子问题的结果合并到一起，过程中统计一些信息，最终得到原问题的结果。这样的分治过程也称作二路归并，例如归并排序。

从数学的角度看，二分法就是不断检查可行范围中点处的情况，不断把可行的范围折半，快速定位到一个单调函数的"零点"。从 OI 的角度看，二分法是在求解符合某种条件的最大或最小可行解。这里的"符合某种条件"因题目而异，但可以抽象为"使单调的 bool 函数 check(mid) 为真"。

按解的取值类型的不同，二分法一般有整数二分和实数二分两种。

以求"使递增的 bool 函数 check(mid) 为真"的最小 mid 为例，整数二分伪代码如下：

```
int l = ..., r = ..., mid, ans = r + 1;
while (l <= r) {
    mid = (l + r) / 2;
    if (check(mid)) ans = mid, r = mid - 1;
    else l = mid + 1;
}
```

实数二分伪代码如下：

```
const double eps = 1e-6;
double l = ..., r = ..., mid, ans = r;
while (r - l > eps) {
    mid = (l + r) / 2;
    if (check(mid)) ans = mid, r = mid;
    else l = mid;
}
```

下面讨论二分法的常见应用。先看一个排序工作问题：SORT 公司是一个专门为人们提供排序服务的公司，该公司的宗旨是"顺序是最美丽的"，他们的工作是通过一系列移动，将某些物品按顺序摆好。他们的服务是通过工作量计算出来的，即移动东西的次数。所以工作前必须考察工作量，以便向用户提出收费数目。

根据 SORT 公司的经验，一般是根据"逆序对"的数目多少来衡量序列的混乱程度。

假设将序列中第 i 件物品的参数定义为 A_i，那么排序就是指将 $A_1, \cdots, A_n$ 从小到大排序。若 $i<j$ 且 $A_i>A_j$，则 $\langle i,j \rangle$ 就是一个"逆序对"。

例如序列 $\{3,1,4,5,2\}$ 的"逆序对"有 $\langle 3,1 \rangle \langle 3,2 \rangle \langle 4,2 \rangle \langle 5,2 \rangle$，共 4 个。SORT 公司请你写一个程序，在最短的时间内统计出"逆序对"的数目。

【解题思路】本题最直接、最简单的方法就是利用枚举法搜索，可以用两重循环枚举数列中的每个数对 (A_i, A_j)，若 $i<j$，检查 A_i 是否大于 A_j，然后统计"逆序对"的数目。枚举法虽然简洁易懂，但其时间复杂度为 $O(n^2)$，当 n 很大时，该算法时间效率就很低了。所以利用枚举法搜索并不是这道题的最佳选择。有没有更好的算法呢？当然有，分治法就可以完美地解决这个问题。

下面用"分治思想"来设计算法，可以成功地将时间复杂度降为 $O(n\log n)$。

假设当前求数列 A[low...high] 的逆序数，记为 $d(\text{low}, \text{high})$。算法具体实现如下：

先将问题分治成子问题，将数列 A[low...high] 二分成尽量相等的两个子序列，A[low...mid] 和 A[mid+1...high]，其中 $\text{mid}=\dfrac{(\text{low}+\text{high})}{2}$。划分后逆序对有两种情况，一种是子序列内部的逆序对，可以分别记为 $d(\text{low}, \text{mid})+d(\text{mid}+1, \text{high})$；另一种情况是子序列间的逆序对，如果逆序对中的两个数分别取自子数列 A[low...mid] 和 A[mid+1...high]，则该类逆序对的个数记为 $f(\text{low}, \text{mid}, \text{high})$。显然有：

$$d(\text{low}, \text{high})=d(\text{low}, \text{mid})+d(\text{mid}+1, \text{high})+f(\text{low}, \text{mid}, \text{high})$$

然后开始合并，很显然计算 $f(\text{low}, \text{mid}, \text{high})$ 的快慢是算法时效的瓶颈，如果依然用两重循环来计算，其时效不会提高。下面的方法给数列加了一个要求，不仅使合并的时间复杂度降为线性时间，而且可以顺利将子数列排序。

现在要求计算出 $d(\text{low}, \text{high})$ 后，数列 A[low...high] 已排序。这样一来，当求出 $d(\text{low}, \text{mid})$ 和 $d(\text{mid}+1, \text{high})$ 后，A[low, mid] 和 A[mid+1, high] 已排序。

设指针 i, j 分别指向 A[low...mid] 和 A[mid+1...high] 中的某个数，且 A[mid+1], $\cdots$, A[j−1] 均小于 A[i]，但 A[j]>=A[i]，那么 A[mid+1...high] 中比 A[i] 小的数共有 $j-\text{mid}-1$ 个，如图 2−15，将 $j-\text{mid}-1$ 计入 $f(\text{low}, \text{mid}, \text{high})$。

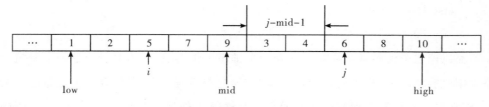

图 2−15　计算 $f(\text{low}, \text{mid}, \text{high})$ 的逆序数

由于 A[low...mid]和 A[mid+1...high]已经排序,因此只要顺序移动 i、j 就能保持以上条件,这是合并时间复杂度为线性时间的根本原因。例如,从图 2—15 到图 2—16 的状态只需要将 i 顺序移动一个位置,将 j 顺序移动一个位置即可。

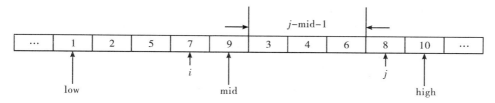

图 2—16 移动 i、j 后,计算 f(low,mid,high)的逆序数

其实这是经典问题归并排序的变形,与归并排序的合并过程类似,因此将归并排序的合并过程稍作修改就得到求数列逆序数的程序代码。在求得逆序数的同时也将子序列排序完成。时间复杂度为 $O(n\log n)$,空间复杂度为 $O(2n)$,至此,利用经典问题完美解决了这个逆序对问题。参考程序如下:

```
#include <cstdio>
using namespace std;
int t[200005], a[200005], ans = 0;
void msort(int l, int r) {
    if (l == r)
        return;
    int mid = (l + r) / 2;
    msort(l, mid);
    msort(mid + 1, r);
    int p = l, i = l, j = mid + 1;
    while (i <= mid && j <= r) {
        if (a[i] > a[j]) {
            ans = ans + mid - i + 1;
            t[p++] = a[j++];
        } else
            t[p++] = a[i++];
    }
    while (i <= mid) t[p++] = a[i++];
    while (j <= r) t[p++] = a[j++];
    for (i = l; i <= r; i++) a[i] = t[i];
```

```
    }
    int main() {
        int n, i;
        scanf("%d", &n);
        for (i = 1; i <= n; i++) scanf("%d", &a[i]);
        msort(1, n);
        printf("%d", ans);
        return 0;
    }
```

我们再看一个移球问题：n 种颜色的球每种有 m 个，无序地插在 n 根柱子上，每根柱子上恰有 m 个球；另有 1 根空柱子。每次可以将一根柱子最上方的球移动到另一根球数小于 m 的柱子上（即任何时刻每根柱子上的球数均不超过 m）。构造一个操作序列，使得相同颜色的球都在同一根柱子上，已知 $2 \leqslant n \leqslant 50, 2 \leqslant m \leqslant 400$。

【解题思路】这道题的原型是 NOIP 2020 年的移球游戏，解法很多。

解法一：首先考虑 $n = 2$，即只有两种颜色的情况。

定义 sort$_i$ 操作表示将第 i 根柱子上的球按颜色、编号排序。设 j 为另一根满的柱子，k 为空柱子。设两种颜色为 0 和 1，那么 sort$_i$ 操作可以这样实现：

（1）统计 i 上 0 的个数为 x，则 1 的个数为 $m - x$；

（2）将 j 上的 x 个球移到 k 上；

（3）将 i 上的所有 0 移到 j 上、1 移到 k 上；

（4）将 k 上的 $m - x$ 个球（均为 1）移到 i 上；

（5）将 j 上的 x 个球（均为 0）移到 i 上；（此时 i 上的球已经按颜色排序）

（6）将 k 上的 x 个球[第（2）步中移来的那些]移到 j 上。[此时 j 上的球被还原，相对第（1）步之前没有变化]

只需对每根柱子执行 sort$_i$ 操作，将 0 都收集到空柱子上，再把 1 合并起来就能将两种颜色的球区分开。

解法二：借助 $n - 1$ 根满柱子和一根空柱子，可以将 sort 操作直接推广到 i 种颜色的情况。对每根柱子执行 sort 操作后，可以将最上面的那种颜色收集到空柱子上。至此还剩 $n - 1$ 种颜色没有区分开。

一种有些暴力的做法是把一根柱子上的所有球都移到其他没满的柱子上，这样就得到了 $n - 1$ 种颜色、$n - 1$ 根满柱子和一根空柱子的情况。问题规模减小 1，可以不断递归处理，直到只剩两种颜色。这样做需要的操作数大致是 $O(4n^2m)$，无法通过全部测试点。

解法三：考虑对颜色进行分治。将一半颜色视作 0，另一半视作 1，如果能把 0 和 1 区分开，那么原问题就化成了两个规模为一半的新问题。与解法二相比，这样做划分的次数从 n 次减少到了 $\log n$ 次。

与之前类似，将颜色视作 0,1 后，使用 sort 操作将所有柱子排序，然后先将空柱子收集满 0。这时必然会得到若干个未满而全是 1 的柱子，还可能有一个未满且底部是 1 而顶部是 0 的柱子。对于未满而全是 1 的柱子，可以进行一些合并使得未满的柱子数量不超过 1。如果合并后没有未满的柱子，那么一定产生了一个空柱子且不存在未满且底部是 1 而顶部是 0 的柱子，此时直接继续用空柱子收集 0；否则，将唯一未满且全是 1 的柱子上的所有球移到未满且底部是 1 而顶部是 0 的柱子上，再对它进行 sort 操作，仍然可以继续用空柱子收集 0。

从上述讨论中不难发现，在分治策略解题过程中，由于子问题与原问题在结构和解法上是相似的，用分治策略解决的问题，大都采用了递归的形式。

6.常用的算法策略——递推策略

递推策略是一种简单的算法策略，即通过已知条件，利用递推关系得出中间推论，直至得到结果的算法。递推关系是一种简洁高效的常见的数学模型，几乎在所有的数学分支中都有重要作用，在信息学奥林匹克竞赛中更因简洁高效而显示出其独特的魅力。

递推策略在数学和计算机数值计算领域应用十分广泛。我们先看一个简单的斐波那契数列问题：一个数列的第 1 项为 1，第 2 项为 1，以后每一项都是前两项的和，这个数列就是著名的斐波那契数列，请你求出斐波那契数列的第 n 项。

$$f_n = \begin{cases} 1\,(n=1) \\ 1\,(n=2) \\ f_{n-1}+f_{n-2}\,(n \geqslant 3) \end{cases}$$

根据公式可知，$f_1=1, f_2=1, f_n=f_{n-1}+f_{n-2}$

对斐波那契数列进行求和，具体地，设 $S_n = \sum_{i=1}^{n} f_i$，则 S_n 的含义就是斐波那契数列前 n 项的和。继续探究数列 $\{S_n\}$ 与 $\{f_n\}$ 的关系，先列出几项寻找规律：

$\{f_n\}$:1,1,2,3,5,8,13,21,34,55,…

$\{S_n\}$:1,2,4,7,12,20,33,54,88,143,…

不难观察到一个事实：$S_n = f_{n+2}-1$，

我们可以考虑采用数学归纳法进行证明。

对于 $n=1$，$S_1 = f_3-1$ 显然成立。

假设对于 $n=n_0$ 成立，则对于 $n=n_0+1$，有：

$$S_{n_0+1} = S_{n_0} + f_{n_0+1} = f_{n_0+2} - 1 + f_{n_0+1} = f_{n_0+3} - 1$$

故原命题成立。

　　斐波那契数列常出现在比较简单的组合计数问题中。根据斐波那契数列的定义可知:从第 3 项开始,逐项递推,直到第 n 项。除了第一项和第二项,在计算斐波那契数列的每一项时,都可以由前两项推出。在竞赛中很多问题就是这样逐步推导求解的。一个递推问题的核心是如何建立递推关系,并清楚递推关系有何性质,最后才是如何求解递推关系。

　　我们再看经典的汉诺塔问题:有 a、b、c 三个柱子,n 个大小不同的圆盘。开始时,这 n 个圆盘由大到小依次套在 a 柱上,如图 2－17 所示。现在要把 a 柱上 n 个圆盘移到 c 柱上,要求一次只能移一个圆盘,在移动过程中,不允许大盘压小盘。则将这 n 个圆盘从 a 柱移到 c 柱上,总计需要移动多少个盘次?

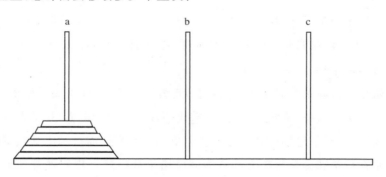

图 2－17　汉诺塔问题

　　这道题是印度古老的经典问题,需要求出移动次数。设 h_n 为将 n 个盘子从 a 柱移到 c 柱所需移动的盘次。先从简单情况分析,当 $n=1$ 时,显然是需要一次,即 $h_1=1$;当 $n=2$ 时,先将 a 柱上面的一个小圆盘移到 b 柱上,移动次数为 h_1,再将大的圆盘移到 c 柱上,移动 1 次,最后把 b 柱上的圆盘移到 c 柱上,移动 h_1 次,共移动 $2h_1+1$ 次,即 $h_2 = 2h_1+1$;当 $n=3$ 时,先将 a 柱上面的两个圆盘按 $n=2$ 的方法移到 b 柱上,需移动 h_2 次,再把最大的圆盘移到 c 柱上,移动 1 次,最后把 b 柱上的圆盘移到 c 柱上,需移动 h_2 次,这样共移动 $h_3 = 2h_2+1$;推广到一般情况,当 a 柱上有 $n(n \geqslant 2)$ 个圆盘时,把 $n-1$ 个圆盘看作一个整体,将其移到 b 柱上,移动 h_{n-1} 次;然后把 a 柱最下面的圆盘移到 c 柱上,移动 1 次;再把 b 柱上的 $n-1$ 个圆盘移到 c 柱上,移动 h_{n-1} 次。可以得出移动 n 个圆盘总共移动 $h_{n-1}+1+h_{n-1}$ 个盘次。得出如下递推关系式:

$$h_n = \begin{cases} 1 & n=1 \\ 2 \times h_{n-1} + 1 & n \geqslant 2 \end{cases}$$

　　有了递推关系式,程序设计就十分简单了,从边界值出发,逐步推导出目标值。

通过对上面两个简单问题的探讨,可以看出对于递推类的题目,要具体情况具体分析,通过找到某状态与其前面状态的联系,建立相应的递推关系。递推法在程序实现上分倒推法和顺推法两种形式。在信息学竞赛中,应用递推法解决的问题有很多,也有很多具有代表性的问题,下面选几道竞赛题,从中体会递推法的应用。

我们来看一个核电站问题:某核电站有 N 个放核物质的坑,这些坑排列在一条直线上。如果连续在 M 个坑中放入核物质,则会发生爆炸,所以某些坑中可能不放核物质。对于给定的 N 和 M,求不发生爆炸的放置核物质的方案总数。

【解题思路】这是一道关于解的数量的问题,通过最简单的线性结构给出模型。在线性结构中,不得有连续长度大于等于 M 的单元被标记,题目给出线性表的长度 N 以及连续被标记单元的最大长度 M(不包括),要求给出可行解的数量。为了方便表示,可以做如下说明:

若 N 为 1,M 为无穷大,可行解为 0、1;

若 N 为 2,M 为无穷大,可行解为 00、10、01、11;

若 N 为 3,M 为无穷大,可行解为 000、100、010、110、001、101、011、111;

……

不难看出,随着 N 的增大,可行解的数量也在增多,且可行解的数量为 $N-1$ 可行解数量的两倍,因为每次都要在 $N-1$ 的可行解后分别加上 0 和 1。

这个题目这么简单吗? 显然不是,上面的例子忽略了 M 的存在,假设 M 为 3,则上面给出的最后一个解"111"就不能存在了。为了解决这个问题,可以定义一个二维数组 $\text{data}[i,j]$,用于表示当 N 发展到 i 并且包括单元 i 在内连续有 j 个单元被标记时可行解的数量,根据题意,可以得出:

$$\text{data}[i,j] = \text{data}[i-1,j-1], j > 0$$

$$\text{data}[i,0] = \sum_{p=1}^{M-1} \text{data}[i-1,p], j = 0$$

边界条件为 $\text{data}[0,0] = 1$

依次递推得解即可,最后再把各个阶段的解求和即为问题的解,参考程序如下:

```cpp
#include<cstdio>
using namespace std;
long long data[60][10],ans;
int N,M;
int main()
{
    scanf("%ld%ld",&N,&M);
```

```
data[1][0]=1;
data[1][1]=1;
for(int i=2;i<=N;i++)
{
    for(int j=0;j<M;j++)
    {
        data[i][0]+=data[i-1][j];
    }
    for(int j=1;j<M;j++)
    {
        data[i][j]=data[i-1][j-1];
    }
}
for(int i=0;i<M;i++)
{
    ans+=data[N][i];
}
printf("%ld",ans);
return 0;
}
```

我们再来看一个上下车问题:火车从始发站(称为第 1 站)开出,在始发站上车的人数为 a ;到达第2站,在第 2 站有人上、下车,但上、下车的人数相同,因此在第 2 站开出时(即在到达第3 站之前)车上的人数保持为 a 人。从第 3 站起(包括第 3 站)上、下车的人数有一定的规律:上车的人数都是前两站上车的人数之和,而下车人数等于上一站上车的人数,一直到终点站的前一站(第 $n-1$ 站),都满足此规律。现给出的条件是始发站上车的人数为 a ,共有 n 个车站,最后一站下车的人数是 m (全部下车)。

输入四个数, a , n , m 和 x ($0 \leqslant a$, $m \leqslant 10\ 000$, $1 \leqslant n$, $x \leqslant 20$),试问:从 x 站开出时车上的人数是多少?

【解题思路】这是 NOIP 1998 年提高组的题目。仔细分析本题后会发现,该题是有一定规律可循的,首先从样例入手,设第 2 站上、下车人数为 y ,人数变化如下页表所示:

站次	1	2	3	4	5	6	7
上车人数	5	y	$5+y$	$5+2y$	$10+3y$	$15+5y$	0
下车人数	0	y	y	$5+y$	$5+2y$	$10+3y$	32
总人数	5	5	10	$10+y$	$15+2y$	$20+4y$	0

由题意可知 $20+4y=32$，所以 $y=3$，则从第 4 站开出时车上人数为 $10+y$，即从第 4 站开出时车上有 13 人。推广到一般情况，会推导出各个站的上、下车人数总和如下表所示：

站次	1	2	3	4	5	⋯	n
上车人数	a	y	$a+y$	$a+2y$	$2a+3y$	⋯	
下车人数		y	y	$a+y$	$a+2y$	⋯	m
总人数	a	a	$2a$	$2a+y$	$3a+2y$	⋯	

根据题意可知，第 $n-1$ 站总人数等于 m，可求出未知数 y，再代入第 x 站，此时求出的第 x 站总人数即为答案。如何求出 y？先看每站人数变化的关系，根据题意先看相邻 3 个站的人数关系，如下表所示：

站次	⋯	$i-2$	$i-1$	i	⋯
上车人数	⋯	$fa+ny$	$pa+qy$	$(f+p)a+(n+q)y$	⋯
下车人数	⋯		$fa+ny$	$pa+ny$	⋯
总人数	⋯		$ka+ly$	$(k+f)a+(l+n)y$	⋯

由上表可看出第 i 站总人数等于第 $i-1$ 站总人数与第 $i-2$ 站上车人数之和，与下车人数无关。只需要计算每站上车人数和总人数即可，根据题意分析可直接得出如下递推公式：

f[i][1...4]分别代表上车人数中 a 的系数，y 的系数，总人数中 a 的系数，y 的系数。

f[i][1]＝f[$i-1$][1]＋f[$i-2$][1]　{代表上车人数中 a 的系数}

f[i][2]＝f[$i-1$][2]＋f[$i-2$][2]　{代表上车人数中 y 的系数}

f[i][3]＝f[$i-1$][3]＋f[$i-2$][1]　{代表总人数中 a 的系数}

f[i][4]＝f[$i-1$][4]＋f[$i-2$][2]　{代表总人数中 y 的系数}

第 1 站和第 2 站的人数是已知的，所以上述递推公式的边界条件是：

f[1][1]＝1;

f[1][2]＝0;

f[1][3]＝1;

f[1][4]＝0;

f[2][1]＝0;

f[2][2]=1;

f[2][3]=1;

f[2][4]=0;

有了上述递推公式,从第 3 站到第 $n-1$ 站依次计算 $f[i][1],f[i][2],f[i][3]$,$f[i][4]$,根据上述分析有 $f[n-1][3]\times a+f[n-1][4]\times y=m$,计算出 $y=\dfrac{(m-f[n-1][3]\times a)}{f[n-1][4]}$,最后将 y 代入 $f[x][3]\times a+f[x][4]\times y$ 即为第 x 站总人数。

题目中给出最多有 20 站,这个递推公式的效果很好,但这个问题还有思考的空间。仔细观察下表可发现除去第 1 列和第 2 列,$f[i][3]$ 和 $f[i][4]$ 是由斐波那契数列加 1 或减 1 构成的。

站数 i	1	2	3	4	5	6	7	8	9	10
$F[i][3]$	1	1	2	2	3	4	6	9	14	22
减 1	0	0	1	1	2	3	5	8	13	21
$F[i][4]$	0	0	0	1	2	4	7	12	20	33
加 1	1	1	1	2	3	5	8	13	21	34

所以可以先递推求出斐波那契数列,再利用上述规则得到 $f[n-1][3]$、$f[n-1][4]$ 和 $f[x][3]$、$f[x][4]$,虽然时间复杂度相同,都为 $O(n)$,但问题的本质被挖掘得更清晰,程序也更简洁,参考程序如下:

```
#include <iostream>
using namespace std;
int f[100],i,a,n,m,x;
int main() {
    cin>>a>>n>>m>>x;
    f[1]=1; f[2]=1;
    for (int i = 3; i <= 23; i++)
  f[i]=f[i-1]+f[i-2];
 if ((n==1)||(n==2)) cout<<a<<endl;
    else
    cout<<(((f[x-2]+1) * a+(f[x-1]-1) * (m-(f[n-3]+1) * a)/(f[n-2]-1));
    return 0;
}
```

子串问题:有两个仅包含小写英文字母的字符串 A 和 B。现在要从字符串 A 中取

出 k 个互不重叠的非空子串，然后把这 k 个子串按照其在字符串 A 中出现的顺序依次连接起来得到一个新的字符串，请问有多少种方案可以使得这个新串与字符串 B 相等？注意：子串取出的位置不同则认为是不同的方案。由于方案总数可能是高精度数，所以答案对 1 000 000 007 取模。

【解题思路】这是 NOIP 2015 年提高组的题目。对于 $k=1$ 的情况，直接用朴素字符串匹配即可。$k=2$ 时，使用暴力枚举也是可以的。对于其他情况，就需要找到递推公式。以下题解混用了输入数据中的 k 和数组索引时使用的变量 k，注意根据上下文区分。$f[k][i][j]$ 表示一共有 k 个子串，A 使用了前 i 个字符（不一定全部使用），B 匹配到了第 j 位时的方案总数。换个说法，即在 A 串的前 i 个字符中取出 k 个子串，依次连接得到 B 串的前 j 个字符组成的字符串的方案数。

显然，本题答案为 $f[k][n][m]$。

边界条件为 $f[0][0...n][0]=1$。

则有递推公式：

$$
\begin{cases}
f[k][i][j]\ +=f[k][i-1][j]; \\
\text{for(int}\ a=i,b=j;a>=1\&\&b>=1;-a,-b) \\
\text{if}(A[a]=B[b]) \\
f[k][i][j]\ +=f[k-1][a-1][b-1]; \\
\text{else} \\
\text{break}
\end{cases}
$$

边界情况表示，一个子串都没有（$k=0$），且 B 串中一个字符都没有匹配（$j=0$），使用了 A 串前任意个字符时（$i=0...n$），有一种可能。

递推公式一共有两种情况：

第一种情况表示 A 串的第 i 个字符不参与匹配，这种情况下，有 $f[k][i-1][j]$ 种方案。

第二种情况中，要在 A 串前 i 个字符组成的字符串和 B 串前 j 个字符组成的字符串中取出后几位构成 A 串的一个子串。for 循环内的 if 用来判断从 A 串第 i 位，B 串第 j 位往回能匹配多长，每匹配成功一位即可取出一个子串，在第一次失配处 break。

为什么是"$f[k][i][j]\ +=f[k-1][a-1][b-1];$"？

因为从 A 中取出了一个子串，前面只能有 $k-1$ 个子串，A 串第 a 位参与匹配，由于子串不重叠，所以是 $a-1$。

B 串同理。

分析到这里应该会得到 70 分，但是应注意，如果开数组按最大的数据点开会超空间,需要进一步优化空间复杂度。

优化一:注意到 $f[k][\cdots][\cdots]$ 只与 $f[k-1][\cdots][\cdots]$ 有关,所以第一维数组可以滚动。这个优化需要注意边界条件中对 $f[0][0\ldots n][0]$ 赋值,滚动时注意清除掉边界情况。

优化二:以下优化没考虑滚动数组。不需要每次递推时都判断当前可以往回最多匹配多长,这个可以预处理。令 $maxmatch[i][j]$ 表示从 A 串第 i 位、B 串第 j 位开始倒着匹配最大能匹配的位数。

```
for(int i = 1; i <= n; ++i)
for(int j = 1; j <= m; ++j)
for(int i2 = i, j2 = j; i2 >= 1 && j2 >= 1; --i2, --j2)
if(A[i2] == B[j2])
++maxmatch[i][j];
else break;
```

然而,递推时仍然需要用 for 循环求和。

```
for(int t = 1; t <= maxmatch[i][j]; ++t)
f[k][i][j] += f[k - 1][i - t][j - t];
```

如何优化呢?我们注意到 $f[k][i][j] += f[k-1][i-1][j-1] + f[k-1][i-2][j-2] + f[k-1][i-2][j-2] + \cdots$,可以联想到前缀和数组。一般的前缀和数组是一维数组,$presum[i]$ 表示 $data[1] + data[2] + \cdots + data[i]$。本题应为 $presum[k][i][j] = f[k][i][j] + f[k][i-1][j-1] + f[k][i-2][j-2] + \cdots$,用前缀和数组求区间和预处理。

优化三:使用以上两个优化只能拿到 80 分,问题出在取余运算比较慢。

如果两个整数 a,b 属于 [0, 1 000 000 006],那么 $\dfrac{(a+b)}{1\,000\,000\,007}$ 的结果只能是 0 或 1,所以可以用以下代码代替 (a+b)%1 000 000 007。

```
if((ans = a + b) >= 1 000 000 007)
ans -= 1 000 000 007;
```

这样可以大大提升程序速度。本题考查范围广,是一道不可多得的递推好题。参考程序如下:

```
#include <bits/stdc++.h>
using namespace std;
typedef long long ll;
const int mod = 1e9 + 7;
```

```
ll n，m，k，f[505][505][5]；
char s[1005]，t[505]；
int main()｛
    cin >> n >> m >> k；
    cin >> s + 1 >> t + 1；
    f[0][0][0] = 1；
    for (int i = 1; i <= n; i++)
        for (int j = m; j >= 1; j——)
            for (int h = k; h >= 1; h——)｛
                if (s[i] == t[j])｛
                    f[j][h][0] = (f[j][h][0] + f[j][h][1]) % mod；
                    f[j][h][1] = (f[j - 1][h - 1][0] + f[j - 1][h - 1][1] +
f[j - 1][h][1]) % mod；
                ｝else｛
                    f[j][h][0] = (f[j][h][0] + f[j][h][1]) % mod；
                    f[j][h][1] = 0；
                ｝
            ｝
    cout << (f[m][k][1] + f[m][k][0]) % mod << "\n"；
    return 0；
｝
```

在程序实现时，用递推法能解决的问题有时用递归法也能解决，像前面斐波那契数列和汉诺塔的例子利用递归程序都可以实现。但一般来说，如果问题能用递推法解决要比用递归法更好，因为不用调用系统栈，无论在时间上还是空间上都要优越一些，所以对于用两种方法都能解决的问题，优先选择递推法来设计算法并编制程序。

第三章
进阶篇：策略优化，思维提升

一、字符串处理蕴含的思维

程序设计中除了数值计算还有非数值计算,最有代表性的就是字符串的处理,字符串处理涉及具体的操作技能,需要运用各种思维方法,如递归、贪心、预处理等,这些思维方法在算法设计和问题解决中发挥着至关重要的作用,这里重点讨论字符串匹配问题。

字符串匹配问题是一类在一个字符串中查找其他字符串出现情况的问题,我们称被匹配的串为主串,在主串中寻找匹配位置的串为模式串。字符串匹配问题按模式串个数可分为单模匹配和多模匹配问题。匹配问题在 NOIP 中有两种常用的算法,分别是非确定性的 Hash 算法和确定性的 KMP 算法。

1.字符串 Hash

字符串 Hash 是一种高效处理字符串匹配问题的近似算法,其核心思想在于将难以快速比较的字符串映射到一个值域较小(但也不能过小)、可以方便比较的范围。

定义一个把字符串映射到整数的函数 f,这个 f 称为字符串 Hash 函数。

希望这个函数 f 可以方便地帮我们判断两个字符串是否相等。具体来说,希望在 Hash 函数值不一样的时候,两个字符串一定不一样。需要注意的是,其否命题不一定总是成立,也就是说,不相同的字符串经过 Hash 函数映射也可能得到相同的值,这种现象称作 Hash 冲突。

通常采用多项式 Hash 的方法,即:

$$f(s) = \sum s[i] \times \text{base}^i (\text{mod} \quad \text{MOD})$$

或

$$f(s) = \sum s[i] \times \text{base}^{|s|-i} \pmod{\text{MOD}}$$

虽然前一种看起来更简洁，但在实际使用中会出现麻烦的"对齐问题"，因此更常用后一种定义。

这里面的 base 和 MOD 需要选取得足够合适才行，以使得 Hash 函数的值分布尽量均匀，避免发生 Hash 冲突。

如果 base 和 MOD 互质，在输入随机的情况下，这个 Hash 函数在 $[0, M)$ 上每个值的概率相等，此时单次比较的冲突率为 $\frac{1}{M}$。所以，Hash 的模数一般会选用大质数。

冲突率

若进行 n 次比较，每次冲突率为 $\frac{1}{M}$，那么总冲突率是 $1 - \left(1 - \frac{1}{M}\right)^n$。在随机数据下，若 $M = 10^9 + 7$，$n = 10^6$，则冲突率约为 $\frac{1}{1\,000}$，不能够完全忽略不计。

一种特殊的情形是利用 unsigned long long 类型的自然溢出特性（相当于对 $M = 2^{64}$ 取模），这样能有效简化代码并实现。但有经验的出题人很可能会对此定向构造数据，显著提高自然溢出的冲突率，甚至确保发生 Hash 冲突。

因此，进行字符串 Hash 时，为了安全起见，经常会分别取两组不同的 base 和 MOD 分别计算 Hash 值，这样 Hash 函数的值域就扩大到两者之积，错误率就进一步降低了。但在考场上，这种写法较为烦琐，所以一般情况下会只使用一组质数或者干脆使用自然溢出的方法。

多次询问子串 Hash

单次计算一个字符串的 Hash 值的时间复杂度是 $O(n)$，其中 n 为串长，与暴力匹配没有区别，如果需要多次询问一个字符串的子串的 Hash 值，每次重新计算的效率非常低下。

一般采取的方法是对整个字符串先预处理出每个前缀的 Hash 值，将 Hash 值看成一个 b 进制的数对 M 取模的结果，这样的话每次就能快速求出子串的 Hash 值了。

令 $f_i(s)$ 表示 $f(s[1...i])$，那么 $f(s[l...r]) = f_r(s) - f_{l-1}(s) \times b^{r-l+1}$

其中 b^{r-l+1} 可以预处理出来。

参考程序段如下：

```
const int MOD=1e9+7;
const int base=19260817;
ll pw[N],hs[N];
void init(int n,char * s){
```

```
        pw[0]＝1；
        for(int i＝1；i＜＝n；++i){
            pw[i]＝pw[i－1] * base％MOD；
            hs[i]＝(hs[i－1] * base＋s[i])％MOD；
        }
    }
    inline ll mod(ll x){ return (x％MOD＋MOD)％MOD；}
    inline ll hash(int l,int r){
        return mod(hs[r]－hs[l－1] * pw[r－l+1])；
    }
```

举个字符串 Hash 的应用例子——子串查找问题：给定一个字符串 A 和一个字符串 B,求 B 在 A 中出现的次数。A 和 B 中的字符均为英语大写字母或小写字母。A 中不同位置出现的 B 可重叠。

【解题思路】这是一个字符串匹配问题,求出模式串的 Hash 值后,再求出文本串每个长度为模式串长度的子串的 Hash 值,分别与模式串的 Hash 值比较。核心程序如下：

```
    int main() {
        cin >> s >> t;
        n = s.length(), m = t.length();
        pw[0] = 1, hs[0] = s[0];
        for (int i = 1; i < n; i++) pw[i] = mul(pw[i － 1], B), hs[i] = inc(mul(hs[i － 1], B), s[i]);
        H = t[0];
        for (int i = 1; i < m; i++) H = inc(mul(H, B), t[i]);
        for (int i = 0; i + m － 1 < n; i++) {
            int l = i, r = i + m － 1;
            int h = dec(hs[r], mul(l == 0 ? 0 : hs[l － 1], pw[r － l + 1]));
            if (h == H)
                ans++;
        }
        cout << ans;
        return 0;
    }
```

2.KMP 模式匹配

KMP 是一种利用 LBorder 来高效解决单模匹配问题的算法，即给定字符串 S 和 T，求 S 在 T 中出现的次数和位置。这个问题用字符串 Hash 也可以解决，但需从暴力匹配本身出发优化它，KMP 算法是通过维护 next 数组，使得在失配时可快速找到下一个可能匹配的位置。

最长公共前后缀（LBorder）：字符串 s[1...n] 的公共前后缀（即 s[1...i]＝s[n−i+1...n]）称作 Border。空串与原串也是 Border。一个字符串 S 的 Border 为 S 的一个非 S 本身的子串 T，满足 T 既是 S 的前缀，又是 S 的后缀。例如：a 和 aba 都是 ababa 的 Border，但 ab 和 ba 不是。

非原串的最长的 Border 称作 LBorder（Longest Border）。

LBorder 的性质使得 KMP 算法在匹配失败时能够直接按 LBorder 将主串与模式串重新对齐并继续尝试匹配，从而有效避免了暴力做法中盲目试错的过程。KMP 模式匹配算法分为预处理和匹配两个过程。

预处理为模式串 t 建立 next 数组，next[i] 表示 t[1...i] 的 LBorder 长度，即满足：

「$x<i$ 且 t[1...x] 是 t[1...i] 的后缀」的后缀的最大 x。

这里的 next[0] 没有实际意义，但为了方便，设 next[0]＝−1。

从左到右依次计算 next，若 t[i]＝t[next[i−1]+1]，则 t[1...i] 的 LBorder 可以直接由 t[1...next[i−1]] 的 LBorder 扩展一个字符得到，即

$$next[i]＝next[i−1]+1$$

若 t[i]≠t[next[i−1]+1]，则 t[1...i] 的 LBorder 不能直接由 t[1...next[i−1]] 的 LBorder 扩展一个字符得到 next[i]，需要迭代地依次查找 $next^2[i−1]＝next[next[i−1]]$，$next^3[i−1]\cdots$，直到找到 $next^y[i−1]$ 使得 t[i]＝t[$next^y[i−1]$+1] 或 $next^y[i−1]$+1<1（即 $next^y[i−1]＝−1$，表示已经出界），这时再将对应的 LBorder 扩展一个字符得到 t[1...i] 的 LBorder，即

$$next[i]＝next^y[i−1]+1$$

核心代码如下：

```
nex[0]＝−1;
for(int i＝1;i<＝m;++i){
    int tmp＝nex[i−1];
    while(tmp! ＝−1&&t[i]! ＝t[tmp+1])
        tmp＝nex[tmp];
    nex[i]＝tmp+1;
}
```

更简洁的写法如下：

nex[0]＝−1;

for(int i=1,j=−1;i<=m;++i){

    while(j! =−1&&t[i]! =t[j+1])j=nex[j];

    nex[i]＝++j;

}

匹配与预处理类似,从左到右扫描 s,如果下一位与模式串已匹配部分的下一位不同,就把已匹配部分缩短到 LBorder(即把匹配位置沿着 next 向左跳),直到能够匹配或已经出界。匹配核心代码如下：

for(int i=1,j=0;i<=n;++i){

    while(j! =−1&&s[i]! =t[j+1])j=nex[j];

  ++j;

    if(j==m){/ * do something * /j=nex[j];}

}

两段代码中 j 自增次数为 $n+m$，$j=nex[j]$ 时 j 严格减小,因此总的时间复杂度为 $O(n+m)$。

KMP 主要的应用是字符串单模匹配,前面的子串查找问题用 KMP 也可以完美解决。参考代码如下：

```
#include <bits/stdc++.h>
#define N 1000005
using namespace std;
char s[N], p[N];
int nxt[N], n, m;
void getnext() {
    nxt[0] = −1;
    for (int i = 1, j = −1; i <= m; i++) {
        while (j ! = −1 && p[i] ! = p[j + 1]) j = nxt[j];
        nxt[i] = ++j;
    }
}
int kmp() {
    int ans = 0;
    for (int i = 1, j = 0; i <= n; i++) {
```

```
        while (j ! = -1 && s[i] ! = p[j + 1]) j = nxt[j];
        j++;
        if (j == m)
            ans++, j = nxt[j];
    }
    return ans;
}
int main() {
    scanf("%s%s", s + 1, p + 1);
    n = strlen(s + 1), m = strlen(p + 1);
    getnext();
    cout << kmp();
    return 0;
}
```

再来看一个问题,给出两个字符串 S 和 T,每次从前往后找到 S 的一个子串 A＝T 并将其删除,空缺位依次向前补齐,重复上述操作多次,直到 S 串中不含 T 串,输出最终的 S 串。

【解题思路】这道题是 USACO 2015 年的题目。给定字符串 S 和 T 并重复进行如下操作:若 S 中某子串为 T,则将该子串删除。如果多次出现则删除第一次出现的,求最后得到的串。

本题看起来可以直接用暴力 KMP 算法找不相交的出现位置(即匹配指针达到 m 后直接移回 0),但注意"重复进行":例如 S＝"aababccb",T＝"abc",那么 S 删除 T 后为 aabcb,仍有子串为 T,还需要再删。

这种嵌套可能会达到 $\dfrac{|S|}{|T|}$ 次,暴力算法的时间复杂度会被卡在 $O(n^2)$。

在模式匹配的过程中维护一个 pos 数组,表示 S_i 匹配到的 T_i 的位置,同时维护答案 ans 数组。

如果 $pos_i = m$,说明匹配成功。此时将 ans 数组的最后 m 个字符删掉,再将匹配指针 j 移到 ans 的最后一个字符的 pos(注意:这里和暴力匹配不同,暴力匹配会将 j 移到 0)。参考程序如下:

```
#include <bits/stdc++.h>
using namespace std;
const int N = 2e6 + 10;
```

```
int nxt[N], n, m, ans[N], cnt, tmp[N];
char s1[N], s2[N];
void getnxt() {
    nxt[0] = -1;
    for (int i = 1; i <= m; i++) {
        int tmp = nxt[i - 1];
        while (tmp ! = -1 && s2[i] ! = s2[tmp + 1]) tmp = nxt[tmp];
        nxt[i] = tmp + 1;
    }
}
int main() {
    cin >> (s1 + 1) >> (s2 + 1);
    n = strlen(s1 + 1), m = strlen(s2 + 1);
    getnxt();
    for (int i = 1, j = 0; i <= n; i++) {
        ans[++cnt] = i;
        while (j ! = -1 && s1[i] ! = s2[j + 1]) j = nxt[j];
        tmp[i] = ++j;
        if (j == m) {
            cnt -= m;
            j = tmp[ans[cnt]];
        }
    }
    for (int i = 1; i <= cnt; i++) {
        cout << s1[ans[i]];
    }
    return 0;
}
```

有些字符串匹配问题和循环节有关,先来了解一下什么是字符串最小循环节。

引理:字符串 $s[1...n]$ 的循环节长度为 d 的充分必要条件是 $s[1...n-d]=s[d+1...n]$。

即 $n-d$ 是 s 的一个 Border 的长度。

所以字符串 $s[1...n]$ 的最小循环节长度 $d_{\min}=n-$LBorder 长度$=n-$next$[n]$。

进一步地，若还有 $d_{min} \mid n$，则 s 能够恰好被 $s[1...d_{min}]$ 首尾拼接 $t = n/d_{min}$ 次得到，且 t 是所有拼接方案中拼接次数的最大值。

最后看一个存在循环节的子串模式匹配问题，即挤奶阵列问题：每天早晨约翰的奶牛都会在挤奶时排成阵列，即站成 R 行 C 列的矩阵。我们知道，约翰是奶牛专家，他打算写一本关于喂养奶牛的书，他发现，当奶牛按照不同的血统标记以后，整个大矩阵就像由很多相同的小矩阵无缝拼接的。请帮助约翰找到面积最小的模型矩阵，使它能拼出整个大矩阵。当然，模型矩阵的尺寸不一定能整除大矩形，也就是说，你可以用若干个这样的模型矩阵，拼出一个包含大矩阵的更大的矩阵。

例如输入：

2 5

ABABA

BABAB

输出：

4

模型矩阵是 $\begin{matrix} A & B \\ B & A \end{matrix}$。三个模型矩阵可以拼出大矩阵，即下面矩阵的左边五列：

A B A B A B

B A B A B A

【解题思路】这是 USACO 2003 年的题目。给出一个矩阵 A，求最小的矩阵 B 使得 A 为若干个 B 不相交地拼接而成的大矩阵的二维前缀。

本题其实就是在找字符矩阵的循环节。二维矩阵的循环节无法求出，但它的每一行、每一列的循环节都可以用 KMP 算法求出来。可以比较直观地理解为，矩阵的列方向的循环节等于每一行的循环节的最小公倍数，行方向的循环节等于每一列的循环节的最小公倍数，所以求出每行每列的循环节并分别求出最小公倍数即可。注意这个数可能非常大，只要每一行循环节的最小公倍数大于 m（每一列循环节的最小公倍数大于 n）就可以直接退出。

这个问题有两种解法，一是对每行进行 Hash 后，对结果使用 KMP，对列同理操作。二是每行分别进行 KMP，所有行的最小循环节为每行最小循环节的最小公倍数。注意结果应对 n 取最小值。对列同理操作。

程序参考如下：

```
#include <cstdio>
#include <cstring>
#include <iostream>
```

```
using namespace std;
int n, m, nxt[10005], w = 1, h = 1;
char s[10005][80];
int gcd(int x, int y) { return y ? gcd(y, x % y) : x; }
int main() {
    scanf("%d%d", &n, &m);
    for (int k = 0; k < n; k++) {
        scanf("%s", s[k]);
        nxt[0] = nxt[1] = 0;
        for (int i = 1, j; i < m; i++) {
            j = nxt[i];
            while (j && s[k][i] ! = s[k][j]) j = nxt[j];
            nxt[i + 1] = s[k][i] == s[k][j] ? j + 1 : 0;
        }
        int t = m - nxt[m];
        w = w * t / gcd(w, t);
        if (w > m) {
            w = m;
            for (k++; k < n; k++) scanf("%s", s[k]);
            break;
        }
    }
    for (int k = 0; k < m; k++) {
        nxt[0] = nxt[1] = 0;
        for (int i = 1, j; i < n; i++) {
            j = nxt[i];
            while (j && s[i][k] ! = s[j][k]) j = nxt[j];
            nxt[i + 1] = s[i][k] == s[j][k] ? j + 1 : 0;
        }
        int t = n - nxt[n];
        h = h * t / gcd(h, t);
        if (h > n) {
            h = n;
```

```
                break;
            }
        }
    printf("%d\n", w * h);
    return 0;
}
```

二、动态规划模型的建立与求解

动态规划(Dynamic Programming,简称DP)是运筹学的一个分支,它是解决多阶段决策过程最优化问题的一种方法。能用动态规划解决的问题,需要满足三个条件:最优子结构、无后效性和子问题重叠。

最优子结构,也叫最优化原理,有的最优子结构也可能适合用贪心的方法求解。注意要确保考察了最优解中用到的所有子问题。

(1)证明问题最优解的第一个组成部分是做出一个选择。

(2)对于一个给定问题,在其可能的第一步选择中,界定已经知道哪种选择才会得到最优解。

(3)给定可获得的最优解的选择后,确定这次选择会产生哪些子问题,以及如何最好地刻画子问题空间。

(4)证明作为构成原问题最优解的组成部分,每个子问题的解就是它本身的最优解。方法是反证法,考虑加入某个子问题的解不是其自身的最优解,那么就可以从原问题的解中用该子问题的最优解替换掉当前的非最优解,从而得到原问题的一个更优解,这与原问题最优解的假设矛盾。

最优子结构的不同体现在两个方面:原问题的最优解中涉及多少个子问题;确定最优解使用哪些子问题时,需要考察多少种选择。最优子结构是动态规划的基础,任何问题,如果失去了最优子结构的支持,就不可能用动态规划方法解决。

无后效性,即已经求解的子问题,不会再受到后续决策的影响。

子问题重叠,如果有大量的重叠子问题,可以用空间将这些子问题的解存储下来,避免重复求解相同的子问题,从而提升效率。

动态规划可以看作在最优化问题和计数问题中对暴力搜索的优化。在暴力搜索中,要枚举每一步决策,枚举所有的方案。但在多数问题中,暴力搜索其实会做大量重复工作,重复计算大量中间结果。动态规划就是把这些中间结果用数组记录下来,以便后续利用。最基本的状态和转移方程的设计比较容易,且最基本的转移方程的设计没有特别的技巧。

对于一个能用动态规划解决的问题,一般采用如下解决思路:

(1)将原问题划分为若干阶段,每个阶段对应若干个子问题,提取这些子问题的特征(称之为状态)。

(2)寻找每一个状态的可能决策,或者说是各状态间的相互转移方式(用数学的语言描述就是状态转移方程)。

(3)按顺序求解每一个阶段的问题。

如果用图论的思想理解,需要建立一个有向无环图,每个状态对应图上一个节点,决策对应节点间的两边。这样,问题就转变为一个在 DAG 上寻找最长(短)路的问题。

一般来说,动态规划问题的"三大要素"有:状态、转移、边界。题目中给的条件都可以加入状态中,题目要求最优化的值就是 DP 数组记录的值,转移方程往往根据最后一步决策来设计。

状态:状态的设计是 DP 程序设计的基础,它直接影响程序的空间复杂度,同时也是时间复杂度的重要影响因素。从状态的角度出发,DP 的优化思路包括消除冗余状态,避免不必要的计算;合并同类状态,降低状态数;滚动记录状态,降低空间复杂度。

转移:状态转移是动态规划的核心,转移方程的设计直接决定了程序的正确性,同时也是时间复杂度的本质来源。从转移的角度出发,DP 的优化思路包括排除无效转移,在最优化问题中,基于已有信息提前排除一些不可能成为最优解的转移;数据结构加速转移,区间取最优值、求和等计算都可以用合适的数据结构优化。

边界:边界条件也是动态规划中不可或缺的一部分,正确处理边界条件才能保证 DP 过程正确启动。

动态规划的求解有两种主要方法:递推和记忆化搜索。

递推求解的优点是顺序执行,效率较高,访问顺序确定,可以进行滚动数组、数据结构加速等优化。缺点是需要正确安排求值顺序,确保计算某 DP 值时,需要用到的其他 DP 值已经计算完毕,若循环边界处理不精细,会导致额外计算了部分冗余状态。

记忆化搜索求解的优点是由搜索优化而来,代码一般比较直观,按需计算所需 DP 值,能够避免冗余计算,甚至能优化时空复杂度,递归计算所需 DP 值,完全回避了求值顺序的问题。缺点是递归调用会产生额外的时间和空间开销,一般没有实行良好的递推程序高效,计算顺序混乱,难以应用滚动数组、数据结构进行优化。

在求解动态规划的问题时,记忆化搜索和递推,都确保了同一状态至多只被求解一次。但它们实现这一点的方式策略不同:递推通过设置明确的访问顺序来避免重复访问,记忆化搜索虽然没有明确规定访问顺序,但通过给已经访问过的状态作标识的方式,可达到同样的目的。

与递推相比,记忆化搜索因为不用明确规定访问顺序,在实现难度上有时低于递推,且能比较方便地处理边界情况,这是记忆化搜索的一大优势。但与此同时,记忆化搜索难以使用滚动数组等优化,且由于存在递归,所以运行效率会低于递推。

常见的动态规划有线性动态规划、背包动态规划、区间动态规划、树形动态规划等。

1.线性动态规划(线性 DP)

线性 DP 就是状态均沿一个方向转移的 DP。例如最基本的模型——数字三角形和最长上升子序列都属于线性 DP。这里主要讨论线性动态规划的几种优化方法。

减少多余状态可以优化 DP,我们来看一道传纸条问题:

小渊和小轩是好朋友,也是同班同学,他们在一起总有谈不完的话题。一次素质拓展活动中,班上同学被安排坐成一个 m 行 n 列的矩阵,而小渊和小轩被安排在矩阵对角线的两端,他们就无法直接交谈了。幸运的是,他们可以通过传纸条来进行交流。纸条要经由许多同学传到对方手里,小渊坐在矩阵的左上角,坐标为$(1,1)$,小轩坐在矩阵的右下角,坐标为(m,n)。小渊传给小轩的纸条只可以向下或者向右传递,小轩传给小渊的纸条只可以向上或者向左传递。在活动进行中,小渊希望给小轩传递一张纸条,同时希望小轩给他回复。班里的每名同学都可以帮他们传递,但只会帮一次,也就是说如果某同学在小渊递给小轩纸条的时候帮忙,那么他在小轩递给小渊纸条的时候就不会再帮忙。反之亦然。

还有一件事情需要注意,全班每名同学愿意帮忙的好心程度有高有低(注意:小渊和小轩的好心程度没有定义,输入时用 0 表示),可以用一个 $0\sim100$ 的自然数来表示,数字越大表示越好心。小渊和小轩希望尽可能找好心程度高的同学来帮忙传纸条,即找到来回两条传递路径,使得这两条路径上同学的好心程度之和最大。现在,请你帮助小渊和小轩找到这样的两条路径。

【解题思路】这是 NOIP 2008 年提高组的题目。题目大意是在一个 $m\times n$ 的网格中,选两条从$(1,1)$到(m,n)的路径(只能向上或向右),使得路径上的数的和最大。重复经过的格子只算一次。

算法一:假设有两个人在同时走这两条路径。

设 $f_{i,j,k,l}=$ 第一个人走到(i,j),第二个人走到(k,l)时两人经过格子的和最大。

则枚举两人最后一步的方向,可得:

$$f(i,j,k,l)=\max\{f(i-1,j,k-1,l),f(i,j-1,k-1,l),f(i-1,j,k,l-1),f(i,j-1,k,l-1)\}+a_{i,j}+a_{k,l} \quad [(i,j)\neq(k,l)]$$

目标状态是 $f(m,n,m,n)$,边界状态是 $f(1,1,1,1)=a_{1,1}$。

下面分析这个方程的复杂度。因为状态方程数是 $O(n^4)$,转移方程数是 $O(1)$,所以总的时间复杂度和空间复杂度都是 $O(n^4)$。

算法二:注意到两人的位置始终满足等式 $i+j=k+l$,即 $l=i+j-k$。因此 l 这一

维状态是多余的,它可以由 i,j,k 表示,因此重新设计状态:

$f_{i,j,k}$＝第一个人走到(i,j),第二个人走到$(k,i+j-k)$时两人经过格子的和最大,则有

$$f(i,j,k)=\max\{f(i-1,j,k-1),f(i,j-1,k-1),f(i-1,j,k),f(i,j-1,k)\}+a_{i,j}+a_{k,i+j-k} \quad [(i,j)\neq(k,i+j-k)]$$

目标状态是 $f(m,n,m)$,边界状态是 $f(1,1,1)=a_{1,1}$。

边界条件是 $1\leqslant i,k\leqslant m,1\leqslant j,i+j-k\leqslant n$,这样,状态方程数降到了 $O(n^3)$,转移方程数还是 $O(1)$,故总的时间复杂度和空间复杂度都降到 $O(n^3)$。通过减少多余状态,成功把复杂度降低,完美解决了本题。

预先计算出前(后)缀和优化 DP 也非常有效,再来看一个花匠问题:栋栋种了一排花,每株花都有自己的高度。花儿越长越大,也越来越挤。栋栋决定将一部分花移走,其余的留在原地,使得余下的花能有长大的空间,同时,栋栋希望余下的花排列得比较别致。

具体而言,可以将花的高度看成一列整数 $h_1,h_2,\cdots,h_n$。设一部分花被移走后,剩下的花的高度依次为 $g_1,g_2,\cdots,g_m$,栋栋希望下面两个条件中至少满足一个:

对于所有的整数 i,有 $g_{2i}>g_{2i-1}$,且 $g_{2i}>g_{2i+1}$;

对于所有的整数 i,有 $g_{2i}<g_{2i-1}$,且 $g_{2i}<g_{2i+1}$。

注意上面两个条件在 $m=1$ 时同时满足,当 $m>1$ 时最多有一个能满足。请问,栋栋最多能将多少株花留在原地?($n\leqslant 2\times10^6$)

【解题思路】这是 NOIP 2013 年提高组的题目。题目大意是给出一个长为 n 的序列,求最长"波浪形"子序列,即奇数位置的数比两侧大,偶数位置的数比两侧小,或反过来也成立。

算法一:设 $f(i,0/1)$＝前 i 个数,满足题意的最长序列,强制选择第 i 个数。第二维 0 表示最后一个数比倒数第二个数小,第二维 1 表示最后一个数比倒数第二个数大,则:

$f(i,0)=\max\{f(j,1)\}+1 \quad (1\leqslant j<i,a_j>a_i)$

$f(i,1)=\max\{f(j,0)\}+1 \quad (1\leqslant j<i,a_j<a_i)$

目标状态是 $\max\{f(i,0/i)\}$,边界状态是 $f(1,0)=f(1,1)=1$。

状态方程数为 $O(n)$,转移方程数为 $O(n)$,时间总复杂度为 $O(n^2)$。由于 n 比较大,所以 $O(n^2)$ 的算法只能通过部分小数据。

算法二:状态已经和输入量同级,不可优化了,故应考虑优化转移。转移是前缀和的形式,但是有 $a_j>a_i$ 的条件。

注意,如果去掉"强制选择第 i 个数"的限制,可以发现 $f(i,0/1)$ 其实就是带限制的 $f(i,0/1)$ 的前缀和。设 $f(i,0/1)$＝前 i 个数,满足题意的最长序列,0/1 定义同上。现

在我们考虑 a_i 和 a_{i-1} 的关系即可。如果 $a_i < a_{i-1}$，那么，

$f(i-1,1)$ 的最优策略是 a_{i-1} 时，a_i 可以接在 a_{i-1} 后面；

$f(i-1,i)$ 的最优策略是 a_j，$a_j > a_{i-1}$ 时，a_i 也可以接在 a_j 后面。

如果上一个数比 a_{i-1} 小，a_i 接在后面可能不合法，但这种情况下，上一个数是 a_{i-1} 更优，这与 $f(i-1,1)$ 的最优性是矛盾的，即这种情况不存在。所以 $f(i,0) = f(i-1,1) + 1$。

如果 $a_i \geq a_{i-1}$，则最后一个数是 a_{i-1}，一定比 a_i 更优，故 $f(i,0) = f(i-1,0)$。同理可得 $f(i,1)$ 的转移方程如下：

$$f(i,0) = f(i-1,1) + 1 \quad (a_i < a_{i-1})$$
$$f(i,0) = f(i-1,0) \quad (a_i \geq a_{i-1})$$
$$f(i,1) = f(i-1,0) + 1 \quad (a_i > a_{i-1})$$
$$f(i,1) = f(i-1,1) \quad (a_i \leq a_{i-1})$$

目标状态是 $\max\{f(n,0), f(n,1)\}$，边界状态是 $f(1,0) = f(1,1) = 1$。状态方程数为 $O(n)$，转移方程数为 $O(1)$，时间总复杂度是 $O(n)$，可通过所有数据。参考程序如下：

```cpp
#include <bits/stdc++.h>
#define N 2000005
using namespace std;
int f[N][2], n, h[N];
int main() {
    f[1][0] = f[1][1] = 1;
    cin >> n;
    for (int i = 1; i <= n; i++) cin >> h[i];
    for (int i = 2; i <= n; i++) {
        f[i][0] = h[i] < h[i - 1] ? f[i - 1][1] + 1 : f[i - 1][0];
        f[i][1] = h[i] > h[i - 1] ? f[i - 1][0] + 1 : f[i - 1][1];
    }
    cout << max(f[n][0], f[n][1]);
    return 0;
}
```

算法三：这道题其实不用 DP 也可以解决，可考虑贪心策略，标准如下：

(1) 相邻相同的数一定不可能同时选择，只需保留一个。

(2) 连续的上升或下降序列至多选择两个，不妨选择最大和最小的，于是可以删除中间的。

这样得到的序列已经是"波浪形"的了，直接输出剩余的序列长度即可。

贪心策略的思路更简洁，编程复杂度也低，程序更容易实现。参考程序如下：

```cpp
#include <cstdio>
#include <iostream>
using namespace std;
int n, h, pre, ans = 1;
int main() {
    cin >> n >> pre;
    for (int i = 2, s = 2; i <= n; pre = h) {
        do
            cin >> h, ++i;
        while (i <= n && h == pre);
        if (h == pre)
            break;
        if (s != (h < pre))
            ++ans, s = (h < pre);
    }
    cout << ans << endl;
    return 0;
}
```

改变状态设计优化 DP 也很常用，我们再来看一道着色方案问题：将 n 个木块排成一行，从左到右依次编号为 1 至 n。你有 k 种颜色的油漆，第 i 种颜色的油漆足够涂 c_i 个木块，所有油漆刚好足够涂满所有木块，即 $\sum_{i=1}^{k} c_i = n$。由于相邻两个木块涂相同色会显得很难看，所以你希望统计任意两个相邻木块颜色不同的着色方案。由于答案可能很大，请输出对 $10^9 + 7$ 取模的结果。（$1 \leqslant k \leqslant 15, 1 \leqslant c_i \leqslant 5$）

【解题思路】这是 SCOI（四川省青少年信息学奥林匹克竞赛）2008 年的题目。

算法一：解这道题最容易想到的算法是暴力搜索。可以通过小规模测试数据，如果是大数据就无能为力了。如果在考场上想不出好的算法，暴力搜索也是得分最大化的一种有效手段。

算法二：在写暴力搜索程序的时候可以看出，这道题的状态是很难优化成 DP 的，因为这道题的状态是一个数组，而且无法降维。

如果直接将"每种颜色剩余数量"和"上一个格子的颜色"作为状态来 DP，需要开 16 维数组，状态数达到了 $O(c^k k)$，这显然是无法接受的。

若注意到 $1 \leqslant c_i \leqslant 5$ 的条件，则可将颜色按剩余能涂的格子数合并，设计状态定义如下：

设 $\mathrm{dp}(c_1, c_2, c_3, c_4, c_5, \mathrm{last})$ 表示在：

(1)还能涂 i 块的颜色有 c_i 种$(1 \leqslant i \leqslant 5)$；

(2)已涂部分的最后一块涂的是一种现在还能涂 last 块的颜色。

两种情况下，涂完剩下的格子的方案的状态数为 $O(k^c c)$，可以接受。

用状态转移方程计算 $\mathrm{dp}(c_1, c_2, c_3, c_4, c_5, \mathrm{last})$ 时，从 1 至 5 枚举 i，表示下一个格子涂的是某种当前还能涂 i 块的颜色，则在涂色后，这种颜色之后还能涂 $i-1$ 块，能涂 i 块的颜色减少一种，能涂 $i-1$ 块的颜色增加一种。后续格子的涂色方案是一个子问题，可以利用递归方式求解。

接下来还要考虑这个格子具体涂了哪种颜色，将可选颜色种数与子问题的方案数相乘累加到答案上。

由于有"相邻木块颜色不同"的限制，故：

(1)若 $i = \mathrm{last}$，则在全部 c_i 种还能涂 i 块的颜色中，需要之前已涂部分最后一块的那种颜色，还有 $c_i - 1$ 种选择；

(2)否则，可在 c_i 种颜色中任选。

于是列出状态转移方程：

$$
\begin{aligned}
\mathrm{dp}(c_1, c_2, c_3, c_4, c_5, \mathrm{last}) = & [c_1 > 0]\mathrm{dp}(c_1 - 1, c_2, c_3, c_4, c_5, 0) \times (c_1 - [\mathrm{next} = 1]) \\
& + [c_2 > 0]\mathrm{dp}(c_1 + 1, c_2 - 1, c_3, c_4, c_5, 1) \times (c_2 - [\mathrm{next} = 2]) \\
& + [c_3 > 0]\mathrm{dp}(c_1, c_2 + 1, c_3 - 1, c_4, c_5, 2) \times (c_3 - [\mathrm{next} = 3]) \\
& + [c_4 > 0]\mathrm{dp}(c_1, c_2, c_3 + 1, c_4 - 1, c_5, 3) \times (c_4 - [\mathrm{next} = 4]) \\
& + [c_5 > 0]\mathrm{dp}(c_1, c_2, c_3, c_4 + 1, c_5 - 1, 4) \times c_5
\end{aligned}
$$

这样初始状态所有颜色均已用完，且最后一次使用的颜色现在必然只能涂 0 块，方案数为 1，则有：

$$\mathrm{dp}(0, 0, 0, 0, 0, 0) = 1$$

目标状态设涂 i 块的有 C_i 种，则需要把这些颜色都涂完，即 $c_i = C_i$；最初"上一块涂的颜色"不存在，不妨取 $\mathrm{last} = -1$，避免状态转移时导致某种颜色不可选，则有：

$$\mathrm{Ans} = \mathrm{dp}(C_1, C_2, C_3, C_4, C_5, -1)$$

建议使用记忆化搜索进行 DP，使用递推法需要引入 $c_0 = k - \sum_{i=1}^{5} c_i$，按 $(c_0, c_1, \cdots, c_4)$ 字典倒序依次求值。总的状态方程数为 $O(k^c c)$，参考程序如下：

```
#include <cstdio>

#include <cstring>
```

```cpp
#include <iostream>
#define mod 1 000 000 007
typedef long long ll;
using namespace std;
int n, x, c[7];
ll f[17][17][17][17][17][7];
ll dp(int c1, int c2, int c3, int c4, int c5, int last) {
    ll& x = f[c1][c2][c3][c4][c5][last];
    if (x)
return x;
    if (c1)
        x = (x + (c1 - (last == 2)) * dp(c1 - 1, c2, c3, c4, c5, 1)) % mod;
    if (c2)
        x = (x + (c2 - (last == 3)) * dp(c1 + 1, c2 - 1, c3, c4, c5, 2)) % mod;
    if (c3)
        x = (x + (c3 - (last == 4)) * dp(c1, c2 + 1,c3 - 1, c4, c5, 3)) % mod;
    if (c4)
        x = (x + (c4 - (last == 5)) * dp(c1, c2, c3 + 1, c4 - 1, c5, 4)) % mod;
    if (c5)
        x = (x + c5 * dp(c1, c2, c3, c4 + 1, c5 - 1, 5)) % mod;
    return x;
}
int main() {
    scanf("%d", &n);
    for (int i = 1; i <= n; i++) scanf("%d", &x), c[x]++;
    for (int i = 1; i <= 5; i++) f[0][0][0][0][0][i] = 1;
    printf("%lld\n", dp(c[1], c[2], c[3], c[4], c[5], 0));
    return 0;
}
```

2.背包动态规划

背包问题是一类特殊的线性 DP 问题,其模型应用极为广泛,故我们把它单独作为一个专题进行讨论。

什么样的问题可以被称作背包问题？给定一个背包容量 m，再给定一个物品数组 n，能否按一定方式选取 n 中的元素得到不超过 m 的最大价值？需要注意的是背包容量 m 和物品 n 的类型可能是数值，也可能是字符串；m 可能在题目中已经给出，也可能需要从题目的信息中挖掘出来；常见的选取方式有每个元素选一次、每个元素选多次、选元素进行排列组合等，不同的选取方式产生了不同的背包分类，常见的有 01 背包、完全背包、多重背包、混合背包、分组背包、二维背包等类型。

01 背包问题

有 n 种物品，每种物品只有一个。第 i 个物品重量为 w_i，价值为 v_i，在选取物品重量不超过 m 的条件下，使其价值最大。

设 $f(i,j)=$ 前 i 个物品，则重量为 j 的最大价值：

$$f(i,j)=\max\{f(i-1,j),f(i-1,j-w_i)+v_i\}$$

时间复杂度为 $O(nm)$。

将第二重循环改为逆序，可优化掉 i 这一维。设 $f(j)=$ 重量不超过 j 的最大价值，则：

```
for(int i=1;i<=n;++i)
    for(int j=m;j>=w[i];--j)
        f[j]=max(f[j],f[j-w[i]]+v[i])
```

即空间复杂度为 $O(m)$。需要注意的是，如果要 $f(j)=$ 重量恰好为 j 的最大价值，在 DP 前将 f 数组初始化为 ∞ 即可。如果有重量为负值（显然此时要求的是重量恰好为 j 的最大价值），循环顺序要改为正序，且 f 的下标统一加一个足够大的数以保证全为正数。

完全背包问题

有 n 个物品，每种物品都有无穷多个。第 i 个物品重量为 w_i，价值为 v_i，在选取物品重量不超过 m 的条件下，使其价值最大。

设 $f(i,j)=$ 前 i 个物品，重量为 j 的最大价值：

$$f(i,j)=\max\{f(i-1,j),f(i,j-w_i)+v_i\}$$

不难发现，i 这一维同样可以直接省略。

01 背包和完全背包的转移仅第二重循环顺序不同。

```
for(int i=1;i<=n;++i)
    for(int j=w[i];j<=m;++j)
        f[j]=max(f[j],f[j-w[i]]+v[i])
```

时间复杂度为 $O(nm)$，空间复杂度为 $O(m)$。

多重背包问题

有 n 个物品,第 i 种物品重量为 w_i,价值为 v_i,有 c_i 个,在选取物品重量不超过 m 的条件下,使其价值最大。

设 $f(i,j)=$ 前 i 个物品,则重量为 j 的价值:

$$f(i,j)=\sum_{k=0}^{c_i}\{f(i-1,j-kw_i)+kv_i\}$$

同样可以将第二重循环改为逆序,优化掉 i 这一维。

for($int\ i=1;i<=n;++i$)

 for($int\ j=m;j>=0;--j$)

  for($int\ k=0;k<=s[i]\&\&j>=k*w[i];++k$)

   $f[j]=\max(f[j],f[j-k*w[i]]+k*v[i])$

此时时间复杂度为 $O(nmk)$,则效率过低,所以可进行二进制拆分来优化多重背包问题。

将 c_i 拆为 $1,2,2^2,\cdots,2^{k-1},c_i-2^{k+1}$,其中 $2^k-1\leqslant c_i\leqslant 2^{k+1}-1$,把它们当成 $k+1$ 个不同物品。

不难发现,这些数相加可以组成 $0\sim c_i$ 的每个数,但不能组成大于 c_i 的数。

因此用这 $k+1$ 个重量为 $w_i,2w_i,2^2w_i\cdots$ 和价值为 $v_i,2v_i,2^2v_i\cdots$ 的物品各一个即可代替这 c_i 个物品。

于是问题转化为 01 背包问题,01 背包是背包问题的最基础的形态,代码如下:

```
for(int i=1;i<=n;++i){
    int l=0;
    while(1<<l<=c[i]+1)++l;
    --l;
    for(int k=0;k<l;++k)
        for(int w=a[i]<<k,r=b[i]<<k,j=u;j>=w;--j)
            f[j]=max(f[j],f[j-w]+r);
    int re=c[i]-(1<<l)+1;
    if(re>0)
        for(int w=a[i]*re,r=b[i]*re,j=u;j>=w;--j)
            f[j]=max(f[j],f[j-w]+r);
}
```

因为每个物品被拆分为 $O(\log k)$ 个,所以时间复杂度为 $O(nm\log k)$。

还有一些背包类型,都可以转化成上述几种背包类型去解决。

混合背包问题

01、完全、多重背包问题三合一。

01 背包：当 $c_i = 1$ 即可。

完全背包：当 $c_i = m$ 即可。

多限制背包问题：物品有更多属性，对每种属性都有限制，把所有限制都加到状态里即可。

分组背包问题：某些物品是一组的，不可同时选择，同组物品同时更新即可。

依赖性背包问题：依赖关系只有一层时，把每个"主件"当作一个背包，然后将各背包合并。无循环依赖和有循环依赖背包问题转化为树形背包。

依赖性背包的基本模型是：

n 个物品，第 i 个物品价值为 v_i 重量为 w_i，最多依赖一种物品 f_i，即装物品 i 必须装物品 f_i。背包承重为 m，求最大价值。

将所有依赖关系连边之后就形成一张图。如果没有"循环依赖"关系（即 A 依赖 B，B 依赖 C，C 依赖 A），这些依赖关系就形成若干棵外向树。

建立虚点 0，价值和重量均为 0，并将所有没有依赖的物品都与 0 连边，则转化为一棵外向树。因此转化为如下问题：

给一棵 $n+1$ 个点的树，每个点有权值 v_i、w_i，选择若干点使 v_i 之和最大且 w_i 之和不超过 m，选择子节点时必须选择父节点。

设 $f(u,i) = $ 在 u 的子树中装满 i 的重量可得最大的价值，则：

$$f(u,i) = v_u + \max\{\sum_v f(v,j_v) \mid v \in \text{son}(u)\}, \sum_v j_v = i - w_u$$

当 v 的 dp 值已经算出时，上面的方程其实就是合并若干个背包，这与合并两个背包的本质相同，即初始 $f(u,0) = 0$，$f(u,i) = -\infty$，枚举 u 的儿子 v，枚举重量更新为：

$$f(u,i) = \max\{f(u,i-j) + f(v,j) \mid 0 \leqslant j \leqslant i\}$$

枚举完 u 的所有儿子后，再把 u 强制选入背包中即可。即：

$$f(u,i) = f(u,i-w_u) + v_u, i \geqslant w_u$$

$$f(u,i) = -\infty, 0 < i < w_u$$

$$f(u,0) = 0$$

目标状态就是 $\max\{f(0,i) \mid 0 \leqslant i \leqslant m\}$，状态方程数是 $O(nm)$，转移方程数是 $O(m)$，总复杂度是 $O(nm^2)$。核心代码如下：

```
void dp(int u){
    for(int v:e[u]){
        dp(v);
```

```
for(int i=m-w[u];i>=0;--i)
    for(int j=0;j<=i;++j)
        f[u][i]=max(f[u][i],f[u][j]+f[v][i-j]);
}
for(int i=m;i>=w[u];--i)
    f[u][i]=f[u][i-w[u]]+v[u];
for(int i=0;i<w[u];++i)f[u][i]=0;
}
```

背包方案计数

如果求背包方案计数问题,就只把上述情况所有的取 max 都改成求和即可。注意:多重背包不能用二进制拆分优化,因为同样的数量拆分方式不唯一。

我们再来看一个货币系统问题:现在共有 n 种不同面额的货币,第 i 种货币的面额为 $a[i]$,假设每一种货币都有无穷多张。为了方便,我们把货币种数记为 n、面额数组记为 $a[1...n]$ 的货币系统记作 (n,a)。

在一个完善的货币系统中,每一个非负整数的金额 x 都可以被表示出,即对每一个非负整数 x,都存在 n 个非负整数 $t[i]$ 满足 $a[i] \times t[i]$ 的和为 x。然而,货币系统可能是不完善的,即可能存在金额 x 不能被该货币系统表示出,例如在货币系统 $n=3,a=[2,5,9]$ 中,金额 1,3 就无法被表示出来。

两个货币系统 (n,a) 和 (m,b) 是等价的,当且仅当对于任意非负整数 x,它要么均可以被两个货币系统表示出,要么不能被其中任何一个表示出。

现在希望找到一个货币系统 (m,b),满足与原来的货币系统 (n,a) 等价,且 m 尽可能小的条件。由你来协助完成这个艰巨的任务,即找到最小的 m。

【解题思路】这是 NOIP 2018 年提高组的题目。题目大意是若存在 $c_1,\cdots,c_n$ 使得 $s=\sum_{i=1}^{n}c_ix_i$,则称 $x_1,\cdots,x_n$ 可以生成 s,称所有的 s 为 $x_1,\cdots,x_n$ 的生成集。已知 A = $a_1,\cdots,a_n$,求最小的集合 S,使得 S 的生成集与 A 的生成集相等。

根据题意可知生成集是无限集,所以不可能一一验证。但注意到生成关系的传递性(即 A 生成 B,B 生成 C,则 A 生成 C)后,只需找到最小的能生成 A 中所有数的子集即可。将 A 从小到大排序,依次考虑 a_{i+1} 能否被 $a_1,\cdots,a_i$ 生成即可。这就是完全背包方案计数问题。

```
#include <bits/stdc++.h>
using namespace std;
int n,a[105],f[25005],w[105],cnt=1;
```

```
int main(){
memset(w,0,sizeof(w));
memset(f,0,sizeof(f));
f[0]=1;
cin>>n;
for(int i=1;i<=n;i++) cin>>a[i];
sort(a+1,a+1+n);
for(int i=1;i<=n;i++){
if(f[a[i]]==0){
cnt++;
for(int j=a[i];j<=a[n];j++)
f[j]=f[j-a[i]]|f[j];
}
}
cout<<cnt-1<<endl;
}
```

我们来看一个关于飞扬小鸟的问题：Flappy Bird 是一款风靡一时的休闲手机游戏。玩家需要不断控制点击手机屏幕的频率来调节小鸟的飞行高度,让小鸟顺利通过画面右方的管道缝隙。如果小鸟一不小心撞到了水管或者掉在地上,游戏便宣告失败。

为了简化问题,对游戏规则进行了简化和改编：

(1)游戏界面是一个长为 n,高为 m 的二维平面,其中有 k 个管道(忽略管道的宽度)。

(2)小鸟始终在游戏界面内移动,从游戏界面最左边任意整数高度位置出发,到达游戏界面最右边时,游戏完成。

(3)小鸟每个单位时间沿横坐标方向右移的距离为1,竖直移动的距离由玩家控制。如果点击屏幕,小鸟就会上升一定的高度 X,每个单位时间可以点击多次,效果叠加;如果不点击屏幕,小鸟就会下降一定的高度 Y。小鸟位于横坐标方向不同位置时,上升的高度 X 和下降的高度 Y 可能互不相同。

(4)小鸟高度等于 0 或者小鸟碰到管道时,游戏失败。小鸟高度为 m 时,无法再上升。

现在,请你判断是否可以完成游戏。如果可以,输出最少点击屏幕数;否则,输出小鸟最多可以通过多少个管道缝隙。

【解题思路】这是 NOIP 2014 年提高组题目。题目大意是有一张 $n \times m$（$5 \leqslant n \leqslant$ 10 000，$5 \leqslant m \leqslant 1 000$）的网格图，其中某些格子是空地，某些格子是障碍。一开始你在 $(0, j_0)$ 位置，j_0 由你自己决定。每一步，你可以花费 k 的代价使你的格子从 (i, j) 移动到 $(i+1, min\{j+kx_i, m\})$，也可以不花费代价移动到 $(i+1, j-y_i)$。在任意时刻，只要移动到障碍上或纵坐标小于等于 0 都算失败。若能成功，求成功移动到网格图最右端所需的最小代价。否则，求出能到达的最右位置。

算法一：设 $f(i, j)=$ 在 (i, j) 的最小代价，如果达不到就是 ∞。把题目中的移动规则抄过来就能写出转移方程。

$$f(i,j) = min\{f(i-1, j-kx_i)+k, f(i-1, j+y_i) \mid k \geqslant 1, j \geqslant kx_i\}$$

$$f(i,m) = min\{f(i-1, j)+\lceil \frac{m-j}{x_i} \rceil, f(i-1,m)+1 \mid 1 \leqslant j \leqslant m\}$$

注意：能走的点利用转移方程，不能走的点直接赋值使其变成 ∞。状态方程数为 $O(nm)$，转移方程数为 $O(nm^2)$，可以得到小数据的分数。

算法二：注意到本题的转移方程和完全背包类似，可直接利用完全背包的方法优化。

$$f(i,j) = min\{f(i-1, j-x_i)+1, f(i-1, j+y_i)+1, f(i, j-x_i)+1\}$$

$$f(i,m) = min\{f(i-1, j), f(i,j) \mid m-x_i \leqslant j \leqslant m\}+1$$

这道题尽管是线性 DP，但细节很多，思维与细节并重，考查参赛者的基本功，转移顺序很容易写错。参考核心代码如下：

```
for (int i = 1; i <= m; ++i) f[0][i] = 0;
    for (int i = 1; i <= n; ++i) {
        for (int j = x[i] + 1; j <= m; ++j)
            f[i][j] = min(f[i][j], min(f[i - 1][j - x[i]], f[i][j - x[i]]) +
1);
    if (! r[i])
            for (int j = 0; j <= x[i]; ++j) f[i][m] = min(f[i][m], min(f
[i - 1][m - j], f[i][m - j]) + 1);
        for (int j = 1; j + y[i] <= m; ++j) f[i][j] = min(f[i][j], f[i - 1]
[j + y[i]]);
        if (r[i]) {
            for (int j = 1; j <= l[i]; ++j) f[i][j] = inf;
            for (int j = r[i]; j <= m; ++j) f[i][j] = inf;
        }
    }
```

新背包问题

有 n 种物品，每种物品的体积为 w_i，价值为 v_i，有 c_i 个。q 次询问，每次询问去除第 k 种物品时（k 从 0 开始），装体积为 m 的背包所能获得的最大价值。$n \leqslant 1\,000$，$m \leqslant 1\,000$，$v_i, w_i, k_i \leqslant 100$，$q \leqslant 3 \times 10^5$。

【解题思路】单看"每次询问"就知道本题是多重背包的模型。但如果每次都重做一次背包，复杂度将达到 $O(qnm \log k)$，显然无法通过。

在背包的过程中，可以自然地得到只装前 i 个物品，重量为 j，$1 \leqslant i \leqslant n$，$1 \leqslant j \leqslant 1\,000$ 的背包的答案。

去掉物品 k 就是只装前 $k-1$ 个物品和后 $n-k$ 个物品。再从后往前做背包，即可求出只装后 i 个物品的背包的答案。

然后只需合并这两个背包即可。枚举前缀背包和后缀背包的重量，一个是 j，另一个就是 $m-j$。即：

$$\text{ans} = \max\{f(k-1, j) + g(k+1, m-j) \mid 0 \leqslant j \leqslant m\}$$

复杂度为 $O(nm \log k + qm)$，参考程序如下：

```cpp
#include <bits/stdc++.h>
using namespace std;
const int N = 1005;
int n, m = 1000, q, ans, k;
int w[N], v[N], c[N], f[N][N], g[N][N];   //前后背包
int main() {
    cin >> n;
    for (int i = 1; i <= n; ++i) cin >> w[i] >> v[i] >> c[i];
    for (int i = 1; i <= n; ++i) {
        for (int j = 0; j <= m; ++j) f[i][j] = f[i - 1][j];
        int tot = c[i];
        for (int l = 1; l <= tot; l <<= 1) {
            for (int j = m; j >= w[i] * l; --j) f[i][j] = max(f[i][j], f[i][j - w[i] * l] + v[i] * l);
            tot -= l;
        }
        if (tot)
            for (int j = m; j >= w[i] * tot; --j) f[i][j] = max(f[i][j], f
```

```
            [i][j - w[i] * tot] + v[i] * tot);
        }
        for (int i = n; i >= 1; --i) {
            for (int j = 0; j <= m; ++j) g[i][j] = g[i + 1][j];
            int tot = c[i];
            for (int l = 1; l <= tot; l <<= 1) {
                for (int j = m; j >= w[i] * l; --j) g[i][j] = max(g[i][j], g
[i][j - w[i] * l] + v[i] * l);
                tot -= l;
            }
            if (tot)
                for (int j = m; j >= w[i] * tot; --j) g[i][j] = max(g[i][j],
g[i][j - w[i] * tot] + v[i] * tot);
        }
        cin >> q;
        for (int i = 1; i <= q; ++i) {
            cin >> k >> m;
            k++;
            ans = 0;
            for (int i = 0; i <= m;++i) ans = max(ans, f[k - 1][i] + g[k + 1]
[m - i]);
            cout << ans << endl;
        }
        return 0;
    }
```

3.区间动态规划

区间动态规划是动态规划大家族中非常重要的一员。顾名思义,它是一种解决区间问题的方法。区间DP用于解决决策涉及相邻区间合并的问题,它的转移方向是由小区间向大区间转移,所以在转移的时候,要注意转移顺序。比如从区间$[i,k]$和区间$[k,j]$转移到区间$[i,j]$。

例如,最经典的石子合并问题:有 n 堆石子排成一排,第 i 堆石子有 a_i 颗,每次可以选择相邻的两堆石子合并,代价是两堆石子数目的和,现在要一直合并这些石子,使得最后只剩下一堆石子,问:合并总代价最少是多少?

【解题思路】设 $f[i][j]$ 表示把第 i 堆到第 j 堆的石子合并成一堆的最优值,则状态转移方程为:

$$f(i,j) = \min\{f(i,k) + f(k+1,j) \mid i \leqslant k \leqslant j\} + s(i,j)$$

其中 $s(i,j) = \sum_{k=i}^{j} a_k$,初始条件为 $f(i,i) = 0$,目标条件为 $f(1,n)$。

下面两段代码都可以实现上述状态转移方程:

```
for(int len=2;len<=n;++len)
    for(int i=1;i<=n−len+1;++i){
        int j=i+len−1;
        for(int k=i;k<j;++k)
            f[i][j]=min(f[i][j],f[i][k]+f[k+1][j]+s[j]−s[i−1]);
}
```

或

```
for(int i=n−1;i;−−i)
    for(int j=i+1;j<=n;++j)
        for(int k=i;k<j;++k)
            f[i][j]=min(f[i][j],f[i][k]+f[k+1][j]+s[j]−s[i−1]);
```

通过画图就能发现它是从对角线开始向左下方转移的,也可以看出它和线性 DP 的不同之处。区间 DP 的数据范围一般都比较小,因为它的状态方程数是 $O(n^2)$,转移方程数一般也要在 $O(n)$ 以上。

我们先来看一道能量项链问题:在 Mars 星球上,每个人都随身佩戴着一串能量项链,在项链上有 $N(N \leqslant 100)$ 颗能量珠。能量珠是一颗颗有标记的珠子,这些标记对应着某个正整数。并且,对于相邻的两颗珠子,前一颗珠子的尾部标记必定等于后一颗珠子的头部标记。因为只有这样,通过吸盘(Mars 星球上的人吸收能量的器官)的作用,这两颗珠子才能聚合成一颗珠子,同时释放出可被吸盘吸收的能量。如果一颗能量珠子头部标记为 m,尾部标记为 r,它后一颗能量珠子的头部标记为 r,尾部标记为 n,则聚合后释放出 $m \times r \times n$ 单位的能量,新聚合的珠子头部标记为 m,尾部标记为 n。

当需要时,Mars 星球上的人用吸盘夹住相邻的两颗珠子,通过聚合得到能量,直到项链上只剩下一颗珠子为止。显然,不同的聚合顺序得到的总能量是不一样的。请设计一个聚合顺序使得一串珠子聚合后释放出的总能量最大。

【解题思路】这是 NOIP 2006 年提高组的题目。题目大意是有 n 个数对 (a_1, a_2),(a_2, a_3),$\cdots$,(a_n, a_1) 排成一个环,每次可以合并相邻两个数对 (a_i, a_k) 和 (a_k, a_j),成为

新数对(a_i,a_j),并得到$a_i a_k a_j$的价值。求最大价值。

首先破环为链,把原数组复制一份接在后面,即可将环的问题转化为序列的问题,将其直接转化为经典的石子合并问题。

设$f(i,j)=$将(i,j)合并的最大价值,则

$$f(i,j)=\max\{f(i,k)+f(k+1,j)+a_i a_{k+1} a_{j+1} \mid i \leqslant k \leqslant j\}$$

$$f(i,j)=\max\{f(i,k)+f(k+1,j)+a_i a_{k+1} a_{j+1} \mid i \leqslant k < j\}$$

初始状态为$f(i,i)=0$,目标状态为$\max_{i=1}^{n}\{f(i,i+n-1)\}$。

注意:因为$f(i,j)$的转移方程中有a_{j+1},所以还需要$a_{2n+1}=a_1$。时间复杂度为$O(n^3)$,空间复杂度为$O(n^2)$。参考程序如下:

```cpp
#include <bits/stdc++.h>
#define maxx 505
using namespace std;
int f[maxx][maxx], a[maxx], ans, n;
int main() {
    cin >> n;
    for (int i = 1; i <= n; i++) {
        cin >> a[i];
        a[i + n] = a[i];
    }
    for (int j = 2; j <= n * 2; j++)
        for (int i = j - 1; i > 0 && j - i < n; i--)
            for (int k = i; k < j; k++) {
                f[i][j] = max(f[i][j], f[i][k] + f[k + 1][j] + a[i] * a[k + 1] * a[j + 1]);
                ans = max(ans, f[i][j]);
            }
    cout << ans;
    return 0;
}
```

我们再来看一道括号序列问题:一个长度为n且符合规范的超级括号序列,其中有些位置已经确定了,有些位置尚未确定,求这样的括号序列一共有多少个。

具体而言,"超级括号序列"是由字符"("、")"和 * 组成的字符串,并且对于某个给

定的常数 k，给出了"符合规范的超级括号序列"的定义：

（1）（）、（S）均是符合规范的超级括号序列，其中 S 表示任意一个仅由不超过 k 个字符"＊"组成的非空字符串（以下两条规则中的 S 均为此含义）。

（2）如果字符串 A 和 B 均为符合规范的超级括号序列，那么字符串 AB、ASB 均为符合规范的超级括号序列，其中 AB 表示把字符串 A 和字符串 B 拼接在一起形成的字符串。

（3）如果字符串 A 为符合规范的超级括号序列，那么字符串（A）、（SA）、（AS）均为符合规范的超级括号序列。

（4）所有符合规范的超级括号序列均可通过上述 3 条规则得到。

例如，若 $k=3$，则字符串 $((＊＊()＊(＊))＊)(＊＊＊)$ 是符合规范的超级括号序列，但字符串 $＊()、(＊()＊)、((＊＊))＊)、(＊＊＊＊(＊))$ 均不是。特别地，空字符串也不被视为符合规范的超级括号序列。

现在给出一个长度为 n 的超级括号序列，其中有一些位置的字符已经确定，另外一些位置的字符尚未确定（用"?"表示）。希望能计算出：有多少种将所有尚未确定的字符一一确定的方法，使得到的字符串是一个符合规范的超级括号序列？

【解题思路】给定一个由 $()＊?$ 构成的长度为 n 的字符串 S，求把 ? 替换成 $()＊$ 中的某个字符，能够得到的超级括号序列的数量。

状态设计：设 $dp(l,r)$ 表示由子串 $S[l...r]$ 能构造出的超级括号序列数，目标状态即 $dp(1,n)$。

状态转移：由于需要统计方案数，转移时需要仔细讨论，保证不重、不漏。以下以计算 $dp(l,r)$ 为例：

合法的超级括号序列一定以"("开头，若 $S[l]$ 不为"("或"?"，则直接得到方案数为 0。

否则枚举与最左侧的"("匹配的")"的位置 $i(l+1 \leqslant i \leqslant r, S[i] \in \{),?\})$。

接下来需要统计 $l+1 \sim i-1$ 和 $i+1 \sim r$ 两部分的方案数。

$$\overset{l}{(}\underbrace{?????}\overset{i}{)}\underbrace{?????}\overset{r}{}$$

左侧 $(l+1 \sim i-1)$ 方案分为四种情况：

1.［空］或 $＊＊＊$——当没有空位（即 $i=l+1$）或空位不超过 k 个且都可以用"＊"填充时，有 1 种方案。

2.A——填充一个合法的超级括号序列，有 $dp(l+1,i-1)$ 种方案。

3.A＊＊＊——填充一个合法的超级括号序列连接不超过 k 个"＊"，有

$$\sum_{j=1}^{\min\{k,(i-1)-(l+1)+1,(i-1)-R(i-1)\}} dp(l+1,i-1-j)$$

种方案；其中 $R(i-1)$ 为 $S[1...i-1]$ 中最大

的不能填"＊"的位置,用于限制右侧连续"＊＊"的最大长度。

4.＊＊＊A——填充不超过 k 个"＊"连接一个合法的超级括号序列,有 $\sum\limits_{j=1}^{\min\{k,(i-1)-(l+1)+1,L(l+1)-(l+1)\}} \mathrm{dp}(l+1+j,i-1)$ 种方案。其中 $L(l+1)$ 为 S[$l+1...n$]中最小的不能填"＊"的位置,用于限制左侧连续"＊＊"的最大长度。

右侧($i+1\sim r$)方案分为三种情况:

(1)[空]——当 $i=r$ 时,没有空位,有 1 种方案。

(2)A——与上面第 2 类相似,有 $\mathrm{dp}(i+1,r)$ 种方案。

(3)＊＊＊A——与上面的第 4 类相似,有 $\sum\limits_{j=1}^{\min\{k,r-(i+1)+1,L(i+1)-(i+1)\}} \mathrm{dp}(i+1+j,r)$ 种方案。

以上转移式中出现的求和都是区间求和的形式,可以使用前缀或后缀和数组优化,参考程序如下:

```cpp
#include <algorithm>
#include <cstdio>
#include <cstring>
#include <iostream>
using namespace std;
const int N = 505, M = 1e9 + 7;
inline int Mul(long long x, long long y) { return x * y % M; }
inline int Inc(int x, int y) { return x + y < M ? x + y : x + y - M; }
inline int Dec(int x, int y) { return x - y < 0 ? x - y + M : x - y; }
int n, k;
char s[N];
int dp[N][N];
int pre[N][N], suf[N][N];
int L[N], R[N];
inline bool isLB(int i) { return s[i] == '(' || s[i] == '?';}
inline bool isRB(int i) { return s[i] == ')' || s[i] == '?'; }
inline bool isSt(int i) { return s[i] == '*' || s[i] == '?'; }
inline void save(int l, int r, int val) {
    dp[l][r] = val;
    pre[l][r] = Inc(pre[l][r - 1], val);
```

```
        suf[l][r] = Inc(suf[l + 1][r], val);
    }
    inline int validSuf(int l, int r) {
        int maxLen = min(k, min(L[l] - 1, r - l + 1));
        return Dec(suf[l][r], suf[l + maxLen + 1][r]);
    }
    inline int validPre(int l, int r) {
        int maxLen = min(k, min(r - R[r], r - l + 1));
        returnDec(pre[l][r - 1], pre[l][r - maxLen - 1]);
    }
    int main() {
        ios::sync_with_stdio(false);
        cin.tie(0);
        cin >> n >> k >> s + 1;
        for (int i = 1; i <= n; ++i) {
            L[i] = R[i] = i;
            while (isSt(L[i])) ++L[i];
            while (isSt(R[i])) −−R[i];
        }
        for (int len = 2; len <= n; ++len) {
            for (int l = 1, r; l + len - 1 <= n; ++l) {
                r = l + len - 1;
                if (! isLB(l)) {
                    save(l, r, 0);
                    continue;
                }
                int res = 0;
                for (int i = l + 1; i <= r; ++i) {
                    if (! isRB(i))
                        continue;
                    int resL = 0;   // left side: ([l+1,i−1])
                    if (L[l + 1] >= i && i - l - 1 <= k)
```

```
                    ++resL;    // case 1：( ) or ( * * * * )
                resL = Inc(resL, validSuf(l + 1, i − 1));
    // case 2：([ ]) & case 3：( * * * [ ])
                resL = Inc(resL, validPre(l + 1, i − 1));      // case 4：([ ]
 * * * )
                int resR = i == r ? 1 : validSuf(i + 1, r);
    // right side * * * [ ] or nothing
                res = Inc(res, Mul(resL, resR));
            }
            save(l, r, res);
        }
    }
    cout << dp[1][n] << endl;
    return 0;
}
```

4.树形动态规划

顾名思义,树形动态规划就是在树的数据结构上的动态规划。树形动态规划有一定的技巧性,也有一定的规律性。树形动态规划是建立在树上的,一般都是自底向上从叶子到根方向进行动态规划,根的子节点传递有用的信息给根,从而得出最优解的过程。

我们先来看一下树形动态规划最经典的问题——没有上司的舞会:某大学正在筹备一个新年聚会。由于学校的职员有不同的职务级别,可以构成一棵以校长为根的人事关系树。每个资源都有唯一的整数编号,从 $1\sim N$ 编号($N\leqslant 10^6$),且对应一个参加聚会所获得的欢乐度。为使每个职员都感到快乐,组织设法使每名职员和其直接上司不会同时参加聚会。你的任务是设计一份参加聚会者的名单,使总欢乐度最高。

【解题思路】从叶子向根(又称"自底向上")考虑选择情况。因为一个点是否可选仅与其儿子是否可选有关,所以设 $f(u,1/0)=$ 点 u 选或不选时,以 u 为根的子树(以下简称 u 的子树)的最大独立集。

若选择 u,则它的儿子都不能选择。即

$$f(u,1)=a_u+\sum_{v\in son(u)}f(v,0)$$

若不选择 u,则它的儿子可选可不选。即

$$f(u,0)=\sum_{v\in son(u)}\max\{f(v,0),f(v,1)\}$$

答案是 $\max\{f(root,0),f(root,1)\}$。状态方程数为 $O(n)$,转移方程数为 $O(1)$。

核心代码如下：

```
int f[N][2];
void dp(int u,int fa){
    f[u][0]=0,f[u][1]=a[u];
    for(int v:e[u])if(v^fa){
        dp(v,u);
        f[u][0]+=max(f[v][0],f[v][1]);
        f[u][1]+=f[v][0];
    }
}
```

我们再来看一个皇宫看守问题：皇宫以午门为起点，终点是后宫嫔妃们的寝宫，呈一棵树的形状，某些宫殿之间可以互相望见。大内保卫森严，三步一岗、五步一哨，每个宫殿都要有人全天候看守，在不同的宫殿安排看守所需的费用不同。可是陆小凤手上的经费不足，没有办法在每个宫殿都安置留守侍卫。请你帮助陆小凤布置侍卫，在看守全部宫殿的前提下，使得花费最少。

【解题思路】题目可转化为给一棵树选点权之和最小的点集的点染色，使树上每个点都有一个染色的点与其相邻。

可能点 u 及其所有儿子都未选择，因此不能仅由 u 的状态确定其儿子的状态。可以设：

$f(u,0)=$ 不选择 u，且 u 与染色的父节点相邻，u 的子树选择的最小点权；

$f(u,1)=$ 不选择 u，且 u 与染色的子节点相邻，u 的子树选择的最小点权；

$f(u,2)=$ 选择 u，且 u 的子树选择的最小点权。

则有：

$$f(u,0)=\sum_{v\in \mathrm{son}(u)}\min\{f(v,1),f(v,2)\}$$

$$f(u,1)=\sum_{v\in \mathrm{son}(u)}\min\{f(v,1),f(v,2),\text{且至少有一项是 }f(v,2)\}$$

$$f(u,2)=a_u+\sum_{v\in \mathrm{son}(u)}\min\{f(v,0),f(v,1),f(v,2)\}$$

答案是 $\min\{f(tr,1),f(rt,2)\}$，参考程序如下：

```
#include <bits/stdc++.h>
using namespace std;
const int N = 1505;
const int inf = 0x3f3f3f3f;
```

```cpp
int n, u, v, k, a[N];
vector<int> e[N];
inline void add(int u, int v) { e[u].push_back(v); }
int f[N][3];
void dfs(int u, int fa) {
    f[u][2] = a[u];
    int tmp = inf;
    for (int v : e[u])
        if (v ^ fa) {
            dfs(v, u);
            f[u][0] += min(f[v][1], f[v][2]);
            f[u][1] += min(f[v][1], f[v][2]);
            f[u][2] += min(min(f[v][0], f[v][1]), f[v][2]);
            tmp = min(tmp, f[v][2] - f[v][1]);
        }
    if (tmp > 0)
        f[u][1] += tmp;
}
int main() {
    cin >> n;
    for (int i = 1; i <= n; i++) {
        cin >> u >> a[u] >> k;
        while (k--) cin >> v, add(u, v), add(v, u);
    }
    dfs(1, 0);
    cout << min(f[1][1], f[1][2]) << endl;
    return 0;
}
```

5.状态压缩动态规划

状态压缩动态规划,简称状压 DP。状压 DP 的适用场景包括状态数据可以通过二进制来表示的问题,例如棋盘问题、硬币的正反面问题等。在这种方法中,状态的表示、状态的转移以及最终的目标都可以通过动态规划的方式来实现。状压 DP 的核心在于

如何有效地表示和管理压缩后的状态。这通常涉及位运算的操作,如与(&)、或(|)、异或(^)等,这些运算在二进制数的处理中非常重要。

在实际应用中,状压 DP 可能会遇到状态总数为指数级别的情况,这要求算法设计者能够有效地管理状态空间,并利用动态规划的原理来简化问题的求解过程。熟悉位运算技巧对于实现高效的状压 DP 算法至关重要。在状压 DP 的题目中使用记忆化搜索,对避免计算冗余状态有很大帮助。

当状态维数 n 很多但每一维状态数 k 都很少(一般 $k=2$)的时候,可以用一个 n 位 k 进制整数来表示这 n 维状态。

我们来看一道互不侵犯问题:在 $n \times n$ 的棋盘上放 k 个棋子,棋子可攻击与之相邻的 8 个格子,求使它们无法互相攻击的方案总数。($n \leqslant 10, k \leqslant n^2$)

【解题思路】如果每次决策只放一个棋子,那不仅要关注上一行的状态,还要关注这行左边的状态,因此每次决策都放一行棋子,这样就只需要存上一行的状态即可。然而,一行的状态要存 10 维,需要设计的 dp 数组是:

int f[11][101][2][2][2][2][2][2][2][2][2][2]。

其中第 1 维是当前行数,第 2 维是当前棋子数,后面 10 维是当前行的第 $1, 2, \cdots, 10$ 个格是否有棋子。显然没人会写这种状态转移方程。

把后面这 10 维长度为 2 的状态"压"成一维,用一个 10 位二进制数保存。例如 $f[*][*][(10\,0100\,0010)_2]$ 表示当前行第 2、7、10 个格有棋子,其他格子没有棋子。考虑转移,有:

$$f(i, j, S) = \sum_{T} \{f(i-1, j-|S|, T) \mid\mid S, T\}$$

也可以枚举初状态和转移状态方程,计算末状态。和之前写的 DP 相反,状压 DP 一般采用这种形式。

$$f(i, j, S) \rightarrow f(i+1, j+|T|, T) \mid\mid S, T$$

因此现在只需解决两个问题:如何判断一个状态 S 是否合法,如何判断 S、T 是否冲突。当然也可以用 $O(n)$ 时间把 S 还原成 n 个 0/1,但并没有必要。

S 不合法等价于 S 有连续两位都是 1,错位按位与一下,即计算 $S\&(S<<1)$:

$$010\,0011\,0010$$
$$\&\,100\,0110\,0100$$
$$000\,0010\,0000$$

只要错位按位与不为 0,就说明 S 有连续两位为 1,即不合法。

下面看 S 和 T 是否冲突,冲突意味着 S 的第 x 位是 1 且 T 的第 x、$x-1$、$x+1$ 位中有一位是 1,即 $S\&T, S\&(T<<1), S\&(T>>1)$ 中有一个不为 0。核心代码如下:

```
tot=(1<<n)-1;
for(int i=0;i<n-1;++i)
    for(int s=0;s<=tot;++s)if(!(s&(s<<1)))
        for(int t=0;t<=tot;++t)if(!(t&(t<<1)))
            if(!(s&t))&&!(s&(t<<1))&&!(s&(t>>1)))
                for(int j=0;j<=k-sz[t];++j)
                    f[i+1][j+sz[t]][t]+=f[i][j][s];
```

状态方程数为 $O(n^3 2^n)$，转移方程数为 $O(2^n)$，总复杂度为 $O(n^3 4^n)$，但实际上因为合法状态很少，程序远远达不到理论上的总复杂度。

在状压 DP 的题目中使用记忆化搜索，对避免计算冗余状态有很大帮助。本题如果将条件改成 $n \leq 17$，此时尽管合法状态很少，但由于 j 的循环就要 $O(2^n)$ 个枚举状态，所以还是会严重超时。可以先把所有合法状态预处理出来，用深度优先搜索方法或直接用上面的条件都可以。参考程序如下：

```cpp
#include <cstdio>
#include <cstring>
#include <iostream>
using namespace std;
const int mod = 998244353;
inline void inc(int& x, int y) { (x += y) >= mod ? (x -= mod) : x; }
int n, k, sz[131072], st[4182], tot = 0;
int f[17][82][4182], ans = 0;
int main() {
    cin >> n >> k;
    if (k > 81)
        return puts("0"), 0;
    for (int i = 0; i < (1 << n); ++i) {
        sz[i] = sz[i >> 1] + (i & 1);
        if (!(i & (i >> 1)))
            st[++tot] = i, f[0][sz[i]][tot] = 1;
    }
    for (int i = 0; i < n - 1; ++i)
        for (int s = 1; s <= tot; ++s)
```

```
for (int t = 1; t <= tot; ++t)
    if (! (st[s] & st[t]) && ! (st[s] & (st[t] << 1)) && !
(st[s] & (st[t] >> 1)))
        for (int j = 0; j <= k - sz[st[t]]; ++j) inc(f[i + 1][j +
sz[st[t]]][t], f[i][j][s]);
for (int i = 1; i <= tot; ++i) inc(ans, f[n - 1][k][i]);
printf("%d\n", ans);
}
```

状压 DP 是最接近暴力的一种 DP，因为它可以完整地记录每一种状态。但它又比 $O(n!)$ 的纯暴力搜索要优一些，因为它舍弃了状态的更新顺序的记录。所以很多情况下，状压 DP 就是将 $O(n!)$ 的暴力优化到 $O(2^n)$ 的另一个暴力的过程。

我们再来看这道"愤怒的小鸟"题目：Kiana 最近沉迷于一款游戏无法自拔。简单来说，这款游戏是在一个平面上进行的。有一架弹弓位于 $(0,0)$ 处，每次 Kiana 可以用它向第一象限发射一只小鸟，小鸟们的飞行轨迹均为形如 $y = ax^2 + bx$ 的曲线，其中 a、b 是 Kiana 指定的参数，且必须满足 $a < 0$。当小鸟落回地面（即 x 轴）时，它就会瞬间消失。

在游戏的某个关卡里，平面的第一象限中有 n 只猪，其中第 i 只猪所在的坐标为 (x_i, y_i)。如果一只小鸟的飞行轨迹经过了 (x_i, y_i)，那么第 i 只猪就会被消灭掉，同时小鸟将会沿着原先的轨迹继续飞行；如果一只小鸟的飞行轨迹没有经过 (x_i, y_i)，那么这只小鸟飞行的全过程就不会对第 i 只猪产生任何影响。

例如，若两只猪分别位于 $(1,3)$ 和 $(3,3)$，Kiana 可以选择发射一只飞行轨迹为 $y = -x^2 + 4x$ 的小鸟，这样两只猪就会被这只小鸟一起消灭。而这个游戏的最终目的是通过发射小鸟消灭所有的猪。

这款神奇游戏的每个关卡都很难，所以 Kiana 还输入了一些神秘的指令，使得自己能更轻松地完成这个游戏。假设这款游戏一共有 T 个关卡，现在 Kiana 想知道，对于每一个关卡，至少需要发射多少只小鸟才能消灭所有的猪？

【解题思路】这是 NOIP 2016 年提高组的题目。题目可转化为平面上有 n 个点（$n \leqslant 18$），画出最少的经过原点且开口向下的抛物线（$a < 0, c = 0$），使得每个点都至少被一条抛物线经过。

众所周知，两点可以确定一条过原点的抛物线。因此预处理出经过每两个点 i、j 的抛物线可以经过的点集。如果这条抛物线开口向上，则直接令该点集为空集。但也有可能一条抛物线只能经过一个点，这个点和其他点确定的抛物线开口都向上。

设 $f(S) =$ 经过的点集 S 所需最少抛物线的数量，枚举两个点 i、j，注意这里只能计算末态，则有：

$$f(S)+1 \rightarrow f(S \mid P(i,j))$$

其中 $p(i,j)$ 是由 i、j 两点确定的抛物线经过的点集。再令 $p(i,i)=\{i\}$，即抛物线只经过点 i，则转移方程可以讨论所有情况。最后答案是 $f(U)$，总的时间复杂度为 $O(n^2 2^n)$。参考程序如下：

```cpp
#include <bits/stdc++.h>
using namespace std;
typedef double db;
const int N = 18, S = 262144;
const db eps = 1e-6;
int n, g[N][N], f[S];
db x[N], y[N];
inline int cmin(int& x, int y) { return x = x < y ? x : y; }
void solve() {
    scanf("%d%*d", &n);
    for (int i = 0; i < n; ++i) scanf("%lf%lf", &x[i], &y[i]);
    memset(g, 0, sizeof(g));
    for (int i = 0; i < n; ++i)
        for (int j = i + 1; j < n; ++j) {
            if (x[i] == x[j])
                continue;
            db A = (y[i] * x[j] - y[j] * x[i]) / (x[i] * x[j] * (x[i] - x[j]));
            db B = (y[i] - A * x[i] * x[i]) / x[i];
            if (A >= 0)
                continue;
            for (int k = 0; k < n; ++k)
                if (fabs(A * x[k] * x[k] + B * x[k] - y[k]) <= eps)
                    g[i][j] |= 1 << k;
        }
    memset(f, 63, sizeof(f)), f[0] = 0;
    for (int S = 0; S < (1 << n - 1); ++S) {
```

```
        for (int i = 0; i < n; ++i) cmin(f[S | (1 << i)], f[S] + 1);
        for (int i = 0; i < n; ++i)
            for (int j = i + 1; j < n; ++j) cmin(f[S | g[i][j]], f[S] + 1);
    }
    printf("%d\n", f[(1 << n) - 1]);
}
int main() {
    int T;
    scanf("%d", &T);
    while (T--) solve();
}
```

上述状压 DP 中 $O(2^n)$ 的复杂度使得题目中的某些数据范围很小，一般在 25 以下。当遇到 25 以下的数据范围时，一定要考虑是否可以转化为 $O(2^n)$，有时需要根据合理运用小范围数据，进行状压 DP。

我们再来看一个动物园问题：圆形动物园坐落于太平洋的一个小岛上，它内部有很多围栏，每个围栏里有一种动物。如果你是动物园的主管，你需要做的是，让每个参观动物园的游客都尽可能地高兴。今天有一群小朋友来到动物园参观，你希望他们能在动物园里度过一段美好的时光，但这并不是一件容易的事——有的小朋友喜欢某些动物，有的小朋友则害怕这些动物。例如，Alex 喜欢可爱的猴子和考拉，但害怕拥有锋利牙齿的狮子；而 Polly 会因狮子有美丽的鬃毛而喜欢它，但害怕有臭味的考拉。

你可以选择将一些动物从围栏中移走，使得小朋友们不会害怕。但你移走的动物也不能太多，否则留给小朋友们观赏的动物就所剩无几了。每个小朋友站在围栏的外面，可以看到连续的 5 个围栏。你得到了所有小朋友喜欢和害怕的动物信息，当下面两种情况之一发生时，小朋友就会高兴：至少有一个他害怕的动物被移走或至少有一个他喜欢的动物没被移走。请你计算出最多可以让多少个小朋友高兴。

【解题思路】这道题是 APIO 2007 年的题目。题目可转化为 n 个数排成一圈，有 m 个人，第 i 个人可以看见第 a_i 个数起顺时针连续的 5 个数，讨厌 F_i 个数 $x_1 \cdots x_{Fi}$，喜欢 L 个数 $y_1 \cdots y_{Li}$，现在要移除一些数（其他数的位置不变），使尽可能多的人满足以下两条中的至少一条：至少有一个讨厌的数被移除，至少有一个喜欢的数被留下。其中，$n \le 10^4$，$m \le 5 \times 10^4$。

这道题看起来像线性 DP，基本的思路就是依次确定每个数是否移除以及移除后对小朋友的影响。如果设 $f(i, 0/1)$ 表示前 i 个数，第 i 个数选（不选）的能满足站在 i 之前的最多的人数,因为每个人的满足情况还与他后面的数有关,这样做显然不可行。因为每个点的人只能看见后面 5 个数,所以直接把这 5 个数的移除状况压入状态中。

设 $f(i,S)$ 表示第 i 个到第 $i+4$ 个的选择状态为 S(一个 5 位二进制数),能满足条件的站在 i 之前的最多的人数,则前四位左移,最后一位在 0 或 1 之间选择,有

$$f(i,S) = \max\{f(i-1,(S\,\&\,15)<<1), f(i-1,(S\,\&\,15)<<1\,|\,1)\} + \mathrm{cnt}(i,S)$$

其中,$\mathrm{cnt}(i,S)$ 表示第 i 个到第 $i+4$ 个的选择状态为 S 时,站在 i 之前的满足条件的人数。预处理 cnt 的复杂度为 $O(32m)$,DP 的复杂度为 $O(32n)$,所以总复杂度为 $O(32n)$。

这道题做完了吗?环怎么处理?断环为链吗?那是区间 DP 的做法,但这里没有区间。所以直接枚举 S,令 $f(0,S)=0$,而其他状态为 $-\infty$,最后用 $f(n,S)$ 更新答案即可。总复杂度为 $O(32^2 n)$,参考程序如下:

```cpp
#include <bits/stdc++.h>
using namespace std;
const int N = 1e4 + 5, M = 5e4 + 5;
int n, m, e, f, l;
int dp[N][35];
int cal[N][35];
int main() {
    cin >> n >> m;
    for (int i = 1; i <= m; ++i) {
        cin >> e >> f >> l;
        int x, tmp1, tmp2;
        tmp1 = 0;
        tmp2 = 0;
        for (int j = 1; j <= f; ++j) {
            cin >> x;
            tmp1 |= (1 << ((x - e + n) % n));
        }
        for (int j = 1; j <= l; ++j) {
            cin >> x;
            tmp2 |= (1 << ((x - e + n) % n));
        }
```

```
            for (int j = 0; j < 32; ++j)
                if (((~j) & tmp1) || (j & tmp2))
                    cal[e][j]++;
        }
        int ans = 0;
        for (int i = 0; i < 32; ++i) {
            memset(dp[0], -0x3f, sizeof(dp[0]));
            dp[0][i] = 0;
            for (int j = 1; j <= n; ++j)
                for (int k = 0; k < 32; ++k)
                dp[j][k] = max(dp[j - 1][((k & 15) << 1)], dp[j - 1][(k & 15)
<< 1 | 1]) + cal[j][k];
            ans = max(ans, dp[n][i]);
        }
        cout << ans << "\n";
        return 0;
    }
```

动态规划算法没有一个固定的解题模式，在实际生活中的每一次应用都是一种创造。

三、数学思维在程序设计中的应用

在程序设计中，数学知识是非常重要的，尤其是在处理与数字相关的问题时。编程的基础是计算机科学，而计算机科学的基础是数学。因此，学习数学有助于巩固编程的基础，写出更优美的程序。这里讨论一些在程序设计中常用的数论和组合数学知识以及博弈问题。

1.初等数论相关知识

整除关系

若存在 d 使得 $y = dx$，则称 x 整除 y，记作 $x \mid y$。

若 $x \mid y$，则称 x 是 y 的约数（因数），y 是 x 的倍数。

素数与合数

若 $p > 1$ 且只有 1 和自身两个约数，则称 p 是质数（素数）。

若 $x > 1$ 且有超过两个约数，则称 x 是合数。

0 和 1 既不是质数也不是合数。

唯一分解定理

任意一个数 x 均可分解为若干质数幂次的乘积。即

$$x = \prod_{i=1}^{m} p_i^{c_i}$$

其中 $p_1, \cdots, p_m$ 是不同的质数，$c_1, \cdots, c_m \geq 1$。例如，$1\,500 = 2^2 \times 3^1 \times 5^3$。

约数个数 $\sigma_0(n)$ 和约数和 $\sigma_1(n)$

若 $n = \prod_{i=1}^{k} p_i^{c_i}$，则考虑 n 的约数的唯一分解，每个 p_i 的幂次都小于或等于 c_i，因此由乘法原理可得

$$\sigma_0(n) = \prod_{i=1}^{k} (c_i + 1)$$

$$\sigma_1(n) = \prod_{i=1}^{k} (1 + p_i + p_i^2 + \cdots + p_i^{c_i}) = \prod_{i=1}^{k} \frac{p_i^{c_i+1} - 1}{p_i - 1}$$

因此对 n 分解质因数后，即可直接得到 n 的约数个数、约数和。

当 n 很大，而 n 的质因数分解已知时，利用上述两个公式可以快速求得 n 的约数个数、约数和。

例如，$1\,500$ 的约数个数、约数和分别为：

$$\sigma_0(n) = \prod_{i=1}^{k} (c_i + 1) = (2+1) * (1+1) * (3+1) = 24$$

$$\sigma_1(n) = \prod_{i=1}^{k} \frac{p_i^{c_i+1} - 1}{p_i - 1} = \frac{(2^3 - 1)}{2 - 1} * \frac{3^2 - 1}{3 - 1} * \frac{5^4 - 1}{5 - 1} = 7 \times 4 \times 156 = 4\,368$$

我们来看一道 JLOI（吉林省青少年信息学奥林匹克竞赛）2014 年的"聪明的燕姿"问题：城市中人们总是拿着号码牌，不停寻找，不断匹配，可是谁也不知道自己等的那个人是谁。可是燕姿不一样，燕姿知道自己等的人是谁，因为燕姿数学学得好！燕姿发现了一个神奇的算法：假设自己的号码牌上写着数字 S，那么自己等的人手上的号码牌数字的所有正约数之和必定等于 S。所以燕姿总是拿着号码牌在地铁和人海中找数字。可是她忙着唱《绿光》，想拜托你写一个程序能够快速地找到所有自己等的人。

【解题思路】题目的数学模型是已知 $\sigma_1(x) = n$，求所有的 x。先将 n 分解（不一定是质因数），然后考虑把 n 写成约数和公式的形式。

例如：

$n = 42 = 6 \times 7 = (1+5) \times (1+2+2^2) \rightarrow x = 5 \times 2^2 = 20$

$n = 42 = 3 \times 14 = (1+2) \times (1+13) \rightarrow x = 2 \times 13 = 26$

$n = 42 = 1 + 41 \rightarrow x = 41$

从 1 到 $\sqrt{n}$ 枚举 x 的质因数及其幂次,并检验 $1+p+\cdots+p^c$ 是否可整除 n,若能整除则搜下一层。如果 $n=1$ 则将 x 加入答案并返回;如果 $n-1$ 是质数则直接将当前的 x 乘以 $n-1$ 并加入答案。参考程序如下:

```cpp
#include <bits/stdc++.h>
using namespace std;
int pri[10010], tot = 0;
bool np[50010];
void euler(int n) {
    np[0] = np[1] = 1;
    for (int i = 2; i <= n; ++i) {
        if (! np[i])
            pri[++tot] = i;
        for (int j = 1; j <= tot && i * pri[j] <= n; ++j) {
            np[i * pri[j]] = 1;
            if (! (i % pri[j]))
                break;
        }
    }
}
inline bool prime(int n) {
    int q = sqrt(n);
    for (int i = 2; i <= q; ++i)
    if (! (n % i))
            return 0;
    return 1;
}
int s, a[20010], cnt = 0;
void dfs(int s, int lp, int nw) {
    if (s == 1) {
        a[++cnt] = nw;
        return;
    }
```

```
            if (prime(s - 1) && s - 1 > pri[lp])
                a[++cnt] = nw * (s - 1);
        for (int i = lp + 1; pri[i] * pri[i] <= s; ++i) {
                int p = pri[i], pk = 1, sum = 1;
                while (sum < s) {
                        pk *= p, sum += pk;
                        if (! (s % sum))
                                dfs(s / sum, i, nw * pk);
                }
        }
}
int main() {
        euler(5e4);
        while (~scanf("%d", &s)) {
                cnt = 0, dfs(s, 0, 1);
                printf("%d\n", cnt);
                sort(a + 1, a + cnt + 1);
                for (int i = 1; i <= cnt; ++i) printf("%d ", a[i]);
                if (cnt)
                        puts("");
        }
}
```

最大公约数和最小公倍数

若 $d \mid x, d \mid y$ 同时成立,则称 d 是 x、y 的公约数。最大公约数记为 $\gcd(a, b)$ 或 (a, b)。

若 $x \mid m, y \mid m$ 同时成立,则称 m 是 x、y 的公倍数。最小公倍数记为 $\text{lcm}(a, b)$ 或 $[a, b]$。

若 $\gcd(a, b) = 1$,则称 a、b 互素(或互质)。

欧几里得算法是一种高效的计算两个正整数的最大公约数的方法,程序用三目运算符书写只有一行:

```
int gcd(int x,int y)
{return y? gcd(y,x%y):x;}
```

gcd 和 lcm 的唯一分解,根据定义,若 $x = \prod_{i=1}^{k} p_i^{ci}$, $y = \prod_{i=1}^{k} p_i^{di}$,其中 $p_1, \cdots, p_k$ 是不同的质数,$ci, di \geqslant 0$,则

$$\gcd(x, y) = \prod_{i=1}^{k} p_i^{\min(ci, di)}$$

$$\operatorname{lcm}(x, y) = \prod_{i=1}^{k} p_i^{\max(ci, di)}$$

上面两个式子在 x、y 很大而唯一分解已知的时候可用。又因为 $\min(a, b) + \max(a, b) = a + b$,故有

$$x \times y = \gcd(x, y) \times \operatorname{lcm}(x, y)$$

拓展欧几里得算法

拓展欧几里得(ex-GCD)算法就是通过辗转相除得到方程 $ax + by = d$ ($\gcd(a, b) = d$) 的一组解。

现有方程:$ax + by = d$

辗转相除时,令

$$a_1 = b, b_1 = a \bmod b$$

即

$$a_1 = b, b_1 = a - kb$$

其中 $k = \left[\dfrac{a}{b}\right]$,则若 $a_1 x + b_1 y = 1$ 的解为 $x = x_1, y = y_1$,有

$$bx_1 + (a - kb)y_1 = 1$$

即

$$ay_1 + b(x_1 - ky_1) = 1$$

则

$$x = y_1, y = x_1 - ky_1$$

当除到最后一步时,有 $a = d, b = 0$,此时易知 $x = 1, y = 0$ 是一组解,直接返回即可。

代码只有三行:

```
void exgcd(int a, int b, int& x, int& y) {
    if(! b) { x = 1, y = 0; return; }
    exgcd(b, a % b, y, x);
    y -= x * (a / b);
}
```

举个例子看一下:$17x + 7y = 9$,先求解 $17x + 7y = 1$。

$$a = 17, b = 7$$
$$a_1 = 7, b_1 = 3$$
$$a_2 = 3, b_2 = 1$$
$$a_3 = 1, b_3 = 0$$
$$\cdots$$
$$x_3 = 1, y_3 = 0$$
$$x_2 = 0, y_2 = 1$$
$$x_1 = 1, y_1 = -2$$
$$x = -2, y = 5$$

因此原不定方程的解为 $x = -18 + 7t, y = 45 - 17t$。

写成 x 最小的形式就是 $x = 3 + 7t, y = -6 - 17t$，其中 t 为任意整数。

质数的判定与质因数分解：

对单个数，若 n 为合数，则它至少具有一个小于或等于 $\sqrt{n}$ 的因数，据此可以以 $O(\sqrt{n})$ 判定单个数是否为质数，核心代码如下：

```
bool prime(int n) {
    for(int i = 2; i * i <= n; ++i) if(!(n % i)) return 1;
    return 0;
}
```

以上过程也可以用来分解质因数或枚举所有因数，核心伪代码如下：

```
for(int i = 2; i * i <= n; ++i) if(!(n % i)) {
    while(!(n % i)) n /= i, ++cnt;
    // do something for (i, cnt)
}
if(n > 1) // do something for (n, 1)
```

更高效的质数判定方法：Miller_rabin 二次探测法，复杂度为 $O(\log^2 n)$。

更高效的质因数分解：Pollard_rho 算法，复杂度为 $O(n^{1/4})$。

这两种算法都没有用到太高深的数学知识，感兴趣的读者可以自行学习。

如果希望批量判断 $1 \sim n$ 中所有的数是否为质数，逐个判断并不是一种好方法，这样做没有充分利用整数间的整除关系。如何快速找到 $1 \sim n$ 中的全部质数？$n \leqslant 10^7$。

Eratosthenes 筛法：简称埃氏筛，也称素数筛。这是一种简单且历史悠久的筛法，用来找出一定范围内所有的质数。

所使用的原理是从 2 开始，将每个质数的各个倍数标记为合数。一个质数的各个倍数,是一个差为此质数本身的等差数列,此为这个筛法和试除法不同的关键之处,后者是以质数来测试每个待测数能否被整除。

把 $1\sim n$ 所有的数列出来,然后划掉除 2 外所有能被 2 整除的数,再划掉除 3 外所有能被 3 整除的数,再划掉除 5 外所有能被 5 整除的数。(思考:为什么没有 4?)……划到 $\sqrt{n}$ 为止,剩下的就都是质数了。

例如,求出所有不超过 100 的素数。

因为小于或等于 $\sqrt{100}=10$ 的所有素数为 2,3,5,7,所以依次删除 2,3,5,7 的倍数。剩下的就是 100 以内的素数了,100 以内的素数如下:

[2,3,5,7,11,13,17,19,23,29,31,37,41,43,47,53,59,61,67,71,73,79,83,89,97]

核心代码如下:

```
bool np[N];
void sieve(int n){
    for(int i=2;i*i<=n;++i)if(! np[i])
        for(int j=i*i;j<=n;j+=i)np[j]=1;
}
```

注意其中几个细节:i 只需要枚举到 $\sqrt{n}$,j 从 i^2 开始枚举。该方法的复杂度为 $O(n\log n)$,可以看作 n 乘一个常数。Eratosthenes 筛法是列出所有小素数最有效的方法之一,其名字来自古希腊数学家埃拉托斯特尼。

Euler 筛法

与 Eratosthenes 筛法不同,Euler 筛法(简称"欧拉筛法")是严格线性的筛法。埃氏筛法的思路是先枚举质数 p,再枚举另一个约数 i,将所有 $i \times p$ 都标记为合数。欧拉筛法则相反,先枚举另一个约数 i,再枚举质数 p,强制这个 p 是 $i \times p$ 的最小质因数。当 p 枚举到 i 的质因数时,p 就不再是 $i \times p$ 的最小质因数了,也就可以终止了。核心代码如下:

```
bool np[N];
int pri[N], cnt = 0;
void sieve(int n) {
    for(int i = 2; i <= n; ++i) {
        if(! np[i]) pri[++cnt] = i;
        for(int j = 1; j <= cnt; ++j) {
            np[i * pri[j]] = 1;
```

```
                        if(!(i % pri[j])) break;
                }
        }
}
```

因为每个数只会被筛一次,所以复杂度为 $O(n)$,所以 Euler 筛法也被称为线性筛法。如果只要求质数个数,还有时间复杂度低于线性的筛法,如洲阁筛法或 Min-25 筛法,有兴趣的读者可以自行了解。

欧拉函数

定义 n 的欧拉函数为 $1 \sim n$ 中与 n 互质的数的数量,记作 $\varphi(n)$。

设 $n = \prod_{i=1}^{k} p_i^{c_i}$,则

$$\varphi(n) = n \prod_{i=1}^{k} \left(1 - \frac{1}{p_i}\right) = \prod_{i=1}^{k} p_i^{c_i-1}(p_i - 1)$$

根据上面的公式,可以用 $O(\sqrt{n})$ 时间求出单个 $\varphi(n)$。

积性函数

如果一个函数 f 满足以下性质:

(1) $f(1) = 1$;

(2) 若 p、q 互素,则 $f(pq) = f(p)f(q)$,我们称 f 是积性函数。

下面这些函数都是积性函数。

欧拉函数 $\varphi : \varphi(n) = n \prod_{i=1}^{m} \left(1 - \frac{1}{p_i}\right)$

k 次约数和 $\sigma_k : \sigma_k(n) = \prod_{i=1}^{m} (1 + p_i^k + p_i^{2k} + \cdots + p_i^{c_ik})$

莫比乌斯函数 $\mu : \mu(n) = \begin{cases} 1 & n = 1 \\ (-1)^k & n = p_1 p_2 \cdots p_k \\ 0 & \text{others} \end{cases}$

上述几个积性函数的值如下表所示:

n	1	2	3	4	5	6	7	8	9	10	11	12	13	14	15	16	17	18	19	20
$\varphi(n)$	1	1	2	2	4	2	6	4	6	4	10	4	12	6	8	8	16	6	18	8
$\sigma_0(n)$	1	2	2	3	2	4	2	4	3	4	2	6	2	4	4	5	2	6	2	6
$\sigma_1(n)$	1	3	4	7	6	12	8	15	13	18	12	28	14	24	24	31	18	39	20	42
$\mu(n)$	1	−1	−1	0	−1	1	−1	0	0	1	−1	0	−1	1	1	0	−1	0	−1	0

$\sigma_0(n)$ 和 $\sigma_1(n)$ 就是前面的约数个数和约数和。

Euler 筛法求积性函数值

只要 $f(p^k)$ 可以利用 $O(1)$ 算出，积性函数就可以使用 Euler 筛法用线性时间计算 $1 \sim n$ 的取值。核心代码如下：

```
f[1] = 1;
for(int i = 2; i <= n; ++i) {
    if(! np[i]) prm[++cnt] = i, f[i] = F(i, 1), c[i] = 1;
    for(int j = 1; j <= cnt && i * pri[j] <= n; ++j) {
        int p = pri[j], ip = i * p;
        np[ip] = 1;
        if(! (i % p)) {
            f[ip] = f[i] / F(p, c[i]) * F(p, c[i] + 1);
            c[ip] = c[i] + 1;
            break;
        }
        f[ip] = f[i] * f[p];
        c[ip] = 1;
    }
}
```

其中"f[i]"是积性函数 $f(i)$ 的取值，"F(p,k)"是 $f(p^k)$ 的值（可以直接算），"c[i]"是 i 最小质因数的幂次。

如果 $f(p^{k+1})/f(p^k)$ 为定值 $F(p)$，则无须记录 c[i]。核心代码如下：

```
f[1] = 1;
for(int i = 2; i <= n; ++i) {
    if(! np[i]) prm[++cnt] = i, f[i] = P(i);
    for(int j = 1; j <= cnt && i * pri[j] <= n; ++j) {
        int p = pri[j], ip = i * p;
        np[ip] = 1;
        if(! (i % p)) {
            f[ip] = f[i] * F(p);    // 这里不需要用到 c[i] 了！
            break;
        }
        f[ip] = f[i] * f[p];
```

```
        }
    }
```

其中 P(p) 是 f(p) 的值。例如：

$\varphi : P(p) = p - 1, F(p) = p$

$\sigma_0 : F(p,k) = k + 1$

$\sigma_1 : F(p,k) = 1 + p + \cdots + p^k$

$\mu : P(p) = -1, F(p) = 0$

我们再来看这道 SDOI(山东省信息学奥林匹克竞赛)2008 年的仪仗队问题:作为体育委员,C 负责这次运动会仪仗队的训练。仪仗队是由学生组成的 $n \times n$ 的方阵,为了保证队伍在行进中整齐划一,C 会跟在仪仗队的左后方,根据其视线所及的学生人数来判断队伍是否整齐。现在,C 希望你告诉他队伍整齐时能看到的学生人数。($n \leqslant 10^6$)

【解题思路】该题目的数学模型就是在平面上有 n^2 个点,组成一个 $n \times n$ 的方阵,一个人在 (1,1) 点向右上方看,如果 (1,1) 到 (i,j) 的线段上还有其他点,则他因视线遮挡而看不到 (i,j)。求他可以看到的点数。

不妨把 (1,1) 看作原点,所有点的坐标就是 $(1,1) \sim (n,n)$,(i,j) 可见当且仅当 $(i,j) = 1$。则

$$\sum_{i=1}^{n} \sum_{j=1}^{n} [\gcd(i,j) = 1] + 2$$

gcd 矩阵对角线两边完全对称,因此只需计算

$$2 \sum_{i=1}^{n} \sum_{j=1}^{i} [\gcd(i,j) = 1] + 1$$

注意对角线上的 (1,1) 被重复计算,所以要减 1。

而根据 $\varphi(i)$ 的定义,有

$$\sum_{j=1}^{i} [\gcd(i,j) = 1] = \varphi(i)$$

所以答案是 $2 \sum_{i=1}^{n} \varphi(i) + 1$

线性筛法的复杂度为 $O(n)$,参考代码如下:

```cpp
#include <cstdio>
int n, cnt = 0, pri[10005], phi[40005], ans = 0;
bool np[40005];
int main() {
    scanf("%d", &n);
    for (int i = 2; i < n; i++) {
```

```
        if（! np[i]）
            phi[i] = i − 1, pri[++cnt] = i;
        for（int j = 1; j <= cnt && i * pri[j] <= n; j++）{
            np[i * pri[j]] = 1;
            if（!（i % pri[j]））{
                phi[i * pri[j]] = phi[i] * pri[j];
                break;
            }
            phi[i * pri[j]] = phi[i] * （pri[j] − 1）;
        }
    }
    for（int i = 2; i < n; i++）ans += phi[i];
    printf("%d\n", ans * 2 + 3);
    return 0;}
```

掌握这些数论基础知识,对于提高编程能力和解决与数字相关的问题非常有帮助。无论是解决算法问题、设计加密、解密算法,还是进行大数运算,数论知识都是不可或缺的。

2.常用的排列组合知识

加法原理和乘法原理

如果完成一件事有 n 种方法,第 i 种方法有 a_i 种方案完成,则一共有 $\sum_{i=1}^{n} a_i$ 种方案完成这件事。

如果完成一件事有 n 个步骤,第 i 个步骤有 a_i 种方案完成,则一共有 $\prod_{i=1}^{n} a_i$ 种方案完成这件事。

全排列

n 个不同的物品排成一列,求方案数。

选出的第一个物品有 n 种方案,第二个物品有 $n-1$ 种方案……第 n 个物品有 1 种方案。

因此,总方案数为 $n(n-1)\cdots2\times1=n!$。

排列数

从 n 个不同的物品中,选出 m 个排成一列,$m\leq n$,求方案数。

选出的第一个物品有 n 种方案,第二个物品有 $n-1$ 种方案……第 m 个物品有 $n-m+1$ 种方案。

因此,总方案数为 $n(n-1)\cdots(n-m+1)=\dfrac{n!}{(n-m)!}$

记该方案数为 P_n^m 或 A_n^m。

特别地,若 $m=n$,则排列方案数为 $P_n^n=n!$。

例如:$P_5^3=5\times4\times3=\dfrac{5!}{3!}=60$

组合数

从 n 个不同的物品中,选出 m 个,$m\leqslant n$,求方案数。(顺序不同的算作一种)

因为顺序不同的算一种,所以方案数就是 $\dfrac{P_n^m}{m!}=\dfrac{n!}{m!(n-m)!}$。

记该方案数为 C_n^m 或 $\dbinom{m}{n}$。

由于阶乘本身非常大,所以在遇到需要用排列数和组合数的问题时,一般会要求答案对某个大质数取模。此时预处理出"阶乘"和"阶乘的逆元",即可求出所有组合数。

例如:$\dbinom{7}{3}=\dfrac{7\times6\times5}{1\times2\times3}=\dfrac{7!}{3!\ 4!}=35$

因为阶乘逆元如果全部现算,复杂度会多一个 log,这在 $0\sim10^7$ 的范围下会超时,所以一般倒序求阶乘逆元,这样就只需求一遍 n! 的逆元了。核心代码如下:

```
ll fac[N],inf[N];
void init(int n){
    fac[0]=1;
    for(int i=1;i<=n;++i)fac[i]=fac[i-1]*i%mod;
    inf[n]=inv(fac[n]);
    for(int i=n-1;~i;--i)inf[i]=inf[i+1]*(i+1)%mod;
}
ll C(int n,int m){
    return fac[n]*inf[m]%mod*inf[n-m]%mod;
}
```

圆排列

n 个不同的物品排成一个环,旋转可得的算同一种方案,一共有多少种方案?

$$(n-1)!$$

n 个不同的物品选出 m 个排成一个环,旋转可得的算同一种方案,一共有多少种方案?

$$\binom{m}{n}(m-1)! = \frac{\mathrm{P}_n^m}{m}$$

可重集排列

n 种物品,每种物品都有无穷多个,选出 m 个物品排成一列,方案数是 n^m。

可重集组合

n 种物品,每种物品都有无穷多个,选出 m 个物品,求方案数。

等价于求 $x_1 + x_2 + \cdots + x_n = m$ 的非负整数解组数,为

$$\binom{n+m-1}{n-1}$$

如果每种物品都必须选择,则正整数解组数为

$$\binom{m-1}{n-1}$$

多重全排列

n 种物品,第 i 种物品有 a_i 个,将所有物品排成一列,求方案数。

$$P\left(\sum_{i=1}^{n}a_i;a_1,a_2,\cdots,a_n\right) = \frac{\left(\sum_{i=1}^{n}a_i\right)!}{\prod_{i=1}^{n}a_i!}$$

$$P(9;2,3,4) = \frac{9!}{2!\ 3!\ 4!} = 1\ 260$$

错排问题

将 n 个球装入 n 个箱子,每个箱子装一个球。要求第 i 个球不能装入第 i 个箱子,求方案数。

分两种情况讨论:

一种情况是将 n 号球装入 i 号箱,i 号球装入 n 号箱。

另一种情况是将 n 号球装入 i 号箱,i 号球装入 j 号箱,把 i 号箱和 n 号球"扔掉",n 号箱当作 i 号箱(因为限制了 i 号球不能装入 n 号箱)。

所以总方案数是

$$D(n) = (n-1)[D(n-1) + D(n-2)]$$

$$D(1) = 0, D(2) = 1, D(3) = 2, D(4) = 9, D(5) = 44, D(6) = 265, \cdots$$

有多余元素的错排问题

现有 n 个球,n 个箱子,若每个箱子装一个球,另有 m 个多余的球。要求第 i 号球不能装入第 i 号箱子,求方案数。

$$D_m(n) = (n-1)[D_m(n-1) + D_m(n-2)] + mD_m(n-1)$$

$$D_m(n) = (n+m-1)D_m(n-1) + (n-1)D_m(n-2)$$

$$D_m(1)=m, D_m(2)=m^2+m+1$$

二项式定理

二项式就是形如$(x+y)^n$的式子,它完全展开一共有2^n项。

合并同类项时,考虑$x^i y^{n-i}$有多少项。

在n个数中选i个填x,$n-i$个填y,因此有$\binom{n}{i}$项。故

$$(x+y)^n = \sum_{i=0}^{n} \binom{n}{i} x^i y^{n-i}$$

例如:$(x+y)^5 = x^5 + 5x^4 y + 10x^3 y^2 + 10x^2 y^3 + 5xy^4 + y^5$。

多项式定理

多项式定理是二项式定理的扩展。

$$(x_1+x_2+\cdots+x_m)^n = \sum_{\sum_{i=1}^{m} a_i = n} P(n;a_1,a_2,\cdots,a_m) x_1^{a_1} x_2^{a_2} \cdots x_n^{a_n}$$

例如:$(x+y+z)^3 = x^3 + y^3 + z^3 + 3x^2 y + 3xy^2 + 3y^2 z + 3yz^2 + 3z^2 x + 3zx^2 + 6xyz$

容斥原理

全班有 21 名同学,17 名同学高等数学及格,14 名同学线性代数及格,11 名同学两科都及格,问有几名同学两科都不及格?

设S_1,S_2为有限集,令$|S|$表示S的大小,则

$$|S_1 \cup S_2| = |S_1| + |S_2| - |S_1 \cap S_2|$$

设S_1,S_2,S_3为有限集,则

$$|S_1 \cup S_2 \cup S_3| = |S_1| + |S_2| + |S_3| - |S_1 \cap S_2| - |S_1 \cap S_3| - |S_2 \cap S_3| + |S_1 \cap S_2 \cap S_3|$$

一般地,设S_1,S_2,$\cdots$,S_n为n个有限集,则

$$\left|\bigcup_{i=1}^{n} S_i\right| = \sum_{1 \leqslant i \leqslant n} |S_i| - \sum_{1 \leqslant i < j \leqslant n} |S_i \cap S_j| + \sum_{1 \leqslant i < j < k \leqslant n} |S_i \cap S_j \cap S_k| - \cdots + (-1)^{n-1} \left|\bigcap_{i=1}^{n} S_i\right|$$

在信息学奥林匹克竞赛中,上面的容斥原理很多情况下是这样应用的:需要满足n条限制,很容易算出其中任意多条限制不满足、其他限制不作考虑时的答案。

答案为:不考虑任何限制 − 一条限制不满足 + 两条限制不满足 − ……

例如:7 个人排队,A 不能排在队首,B 不能排在队尾,C 不能排在正中间,求方案数。

按照前面思路,7 人随意排队,有 7! 种,7 人中随意 1 人在固定位置上,有 6! 种,7 人中随意 2 人在固定位置上,有 5! 种,7 人中随意 3 人在固定位置上,有 4! 种,所以答案为:$7! - C_3^1 6! + C_3^2 5! - C_3^3 4! = 7! - 3 \times 6! + 3 \times 5! - 1 \times 4!$

有了容斥原理,我们来重新看一下错排问题。

n个人排队,1 不能排在第一个,2 不能排在第二个……n不能排在第n个,那么

$$D(n) = n! - \binom{n}{1}(n-1)! + \binom{n}{2}(n-2)! - \cdots + (-1)^n \binom{n}{n} 0!$$

$$D(n) = n! \sum_{i=0}^{n} \frac{(-1)^n}{i!}$$

$$D_m(n) = P_{n+m}^n - \binom{n}{1} P_{n+m-1}^{n-1} + \binom{n}{2} P_{n+m-2}^{n-2} - \cdots + (-1)^n \binom{n}{n} P_m^0$$

例如，6 个人分成 A，B，C，D 四个小组，且每组都不能为空，求分组方案数。

按照容斥原理的思路，答案如下：

$$4^6 - \binom{4}{1}3^6 + \binom{4}{2}2^6 - \binom{4}{3}1^6 = 4\,096 - 2\,916 + 384 - 4 = 1\,560$$

如果四组相同，则方案数为 $\frac{1\,560}{4!} = 65$

第二类斯特林数

上述例子中，组相同时的方案数称为"第二类斯特林数"，即 n 个人分到 m 个相同的小组中，要求无小组空，其不同的方案数记作 $S_2(n,m)$，例如 $S_2(6,4) = 65$。

使用递推方法，考虑最后一个人是新开组还是加入已有的组。如果新开组，即独占一个组，那么剩下的人只能放在 $m-1$ 个组中，方案数为 $S_2(n-1,m-1)$；如果加入已有的组，即与其他人共用一个组，那么可以事先将这 $n-1$ 个人放入 m 个组中，然后再将最后一个人放入其中一个组中，方案数为 $mS_2(n-1,m)$，所以有

$$S_2(n,m) = S_2(n-1,m-1) + mS_2(n-1,m)$$

容斥求通项：

$$S_2(n,m) = \frac{1}{m!} \sum_{i=0}^{m} (-1)^i S_2(m,i)(m-i)^n$$

可以在 $O(n^2)$ 中求出 $i \leqslant n, j \leqslant m$ 的所有 $S_2(i,j)$，在 $O(n)$ 中求出一项。

既然有"第二类斯特林数"，那必然有"第一类斯特林数"。什么是第一类斯特林数呢？第一类斯特林数的定义是把 n 个元素构成 m 个圆排列的方案数。

卡特兰数

卡特兰数 $C(n)$ 定义为凸 $n+2$ 边形不同的三角剖分数。

$C(1) = 1, C(2) = 2, C(3) = 5, C(4) = 14, C(5) = 42, C(6) = 132, \cdots$

根据这个定义，可得递推公式

$$C(n) = \sum_{i=0}^{n-1} C(i)C(n-i-1)$$

符合上述递推公式的问题都是卡特兰数问题，卡特兰数有若干种等价定义。例如：

n 个数按 $1 \sim n$ 的次序入栈，不同的出栈序列数为 $C(n)$。

n 个点的二叉搜索树个数（即根的序号大于左儿子，小于右儿子）为 $C(n)$。

n 个 1 和 n 个 -1 组成一个长为 $2n$ 的序列，且满足序列的所有前缀和都非负，序列数量为 $C(n)$。

卡特兰数的通项和递推式有多种：

$$C(n) = \binom{2n}{n} - \binom{2n}{n+1}$$

$$C(n) = \frac{\binom{2n}{n}}{n+1}$$

$$C(n) = C(n-1) \cdot \frac{4n-2}{n+1}$$

卢卡斯定理

求 $\binom{n}{m} \bmod p$ 的值，$n \leqslant 10^9$，$m \leqslant 10^9$，$p \leqslant 10^4$ 为质数，T 组询问，$T \leqslant 10^4$。

这是组合数取模，如果直接套用前面的公式，由于 $n \leqslant 10^9$，$m \leqslant 10^9$，时间、空间都会无法承受，即使 $n \leqslant 10^6$，$m \leqslant 10^6$ 也不能做出，因为超过 p 的阶乘都没有逆元，卢卡斯定理就是解决这种问题的。注意：以下约定 n/p 是 n 整除 p，$\frac{n}{p}$ 是分数。卢卡斯定理为：

$$\binom{n}{m} \bmod p = \binom{n/p}{m/p} \binom{n\%p}{m\%p} \bmod p$$

核心代码如下：

```
ll C(int n,int m){
    if(n<m||m<0)return 0;
    return fac[n] * inf[m]%p * inf[n−m]%p;
}
ll lucas(int n,int m){
    if(n<m)return 0;
    if(n<p)return C(n,m);
    return lucas(n/p,m/p) * C(n%p,m%p)%p;
}
```

3.概率和期望

概率

概率就是一件事 A 发生的可能性，记作 $P(A)$。

$P(A)$ 是一个 $[0,1]$ 之间的实数。

如果 $P(A)=0$，则 A 是不可能事件；

如果 $P(A)=1$，则 A 是必然事件；

如果 $P(A) \in (0,1)$，则 A 是随机事件。

互斥事件

如果 A 和 B 不同时发生,即 $P(AB)=0$,则称 A 和 B 是互斥事件。

如果它们总有一个会发生,即 $P(A)+P(B)=1$,则称 A 和 B 是对立事件,此时记 $B=\bar{A}$。

如果 n 个互斥事件等概率发生(且总有一个会发生),则每个事件的概率都是 $\dfrac{1}{n}$。

无关事件

如果 A 发生与否不影响 B 发生的概率,则称 A 和 B 是无关事件。

此时有 $P(AB)=P(A)P(B)$。

概率容斥

概率的容斥公式与集合的容斥公式类似,这里仅举一个包含三个事件的例子：

$$P(A\bigcup B\bigcup C)=P(A)+P(B)+P(C)-P(AB)-P(AC)-P(BC)+P(ABC)$$

二项分布

n 次独立重复事件,每次事件发生的概率为 p,则事件发生 i 次的概率为：

$$P(X=i)=\binom{n}{i}p^{i}(1-p)^{n-i}$$

在 n 次独立重复的伯努利试验中,设每次试验中事件 A 发生的概率为 p。用 X 表示 n 重伯努利试验中事件 A 发生的次数,则 X 的可能取值为 $(0,1,\cdots,n)$,且对每一个 $k(0\leqslant k\leqslant n)$,事件 $\{X=k\}$ 即为“n 次试验中事件 A 恰好发生 k 次”,随机变量 X 的离散概率分布即为二项分布(Binomial Distribution)。

例如,某同学考试有 0.6 的概率不及格,他考了 5 次,求他 0～5 次不及格的概率。

用二项分布来求解问题,例如 3 次不及格：

$$\binom{5}{3}\times 0.6^{3}\times 0.4^{2}=10\times 0.216\times 0.16=0.345\ 6$$

其他概率以此类推。

超几何分布

n 个物品,m 个特殊物品,随机选择 k 个,则选出 i 个特殊物品的概率为

$$P(X=i)=\dfrac{\binom{m}{i}\binom{n-m}{k-i}}{\binom{n}{k}}$$

例如：4 名男生、3 名女生,选 3 名当班长,则选出 0～3 名男生的概率分别为 $\dfrac{1}{35}$,$\dfrac{12}{35}$,$\dfrac{18}{35}$,$\dfrac{4}{35}$。

以选出 2 名男生的概率计算为例，$n=7,m=4,k=3,i=2$，则概率为

$$P(X=i)=\frac{\binom{m}{i}\binom{n-m}{k-i}}{\binom{n}{k}}=\frac{\binom{4}{2}\binom{3}{1}}{\binom{7}{3}}=\frac{6\times 3}{35}=\frac{18}{35}$$

条件概率

事件 B 在事件 A 发生的前提下发生的概率为 $P(B|A)$。

对于任意事件 A,B，都有

$$P(AB)=P(A)P(B|A)$$

如果是多个事件，可以推广：

$$P(ABC)=P(A)P(B|A)P(C|AB)$$

全概率公式：

$$P(B)=P(A)P(B|A)+P(\overline{A})P(B|\overline{A})$$

若事件 $A_1,A_2,\cdots,A_n$ 互斥，且恰有一个会发生，则：

$$P(B)=P(A_1)P(B|A_1)+P(A_2)P(B|A_2)+\cdots+P(A_n)P(B|A_n)$$

全概率公式是概率递推计算的重要理论基础。

随机变量：

随机变量不是一个确定的变量，而是一个定义在基本事件空间 Ω 上的函数。

随机变量的取值是随机的，当 Ω 上的每一个事件发生时，都对应着随机变量的一个取值。随机变量的随机性是由基本事件的随机性导致的。

例如，骰子的点数、股票一分钟后的价格、学生明天到校的时间，都是随机变量。

离散随机变量的期望

为什么不是连续随机变量呢？因为连续的要用到定积分，这里不作讨论。

若一个随机量 X 有 n 种可能取值，取值为 a_i 的概率为 $P(X=a_i)$，则定义 X 的期望为

$$E(X)=\sum_{i=1}^{n}a_i P(X=a_i)$$

举个例子，你花 5 元买彩票，中一等奖的概率为 0.000 1％，奖金为 1 000 000 元；中二等奖的概率为 0.01％，奖金为 10 000 元；中三等奖的概率为 1％，奖金为 100 元；中参与奖的概率为 10％，奖金为 10 元。

你期望赚到 0.000 1％×1 000 000＋0.01％×10 000＋1％×100＋10％×10－5＝－1 元！稳赔不赚！

期望值可能没有实际意义。例如：你班明天期望有 39.7 个人到校，0.7 个人是不成立的，这里只是表示概率。

例如：A、B 两个学校进行排球比赛，五局三胜，A 单局胜率为 0.6，B 单局胜率为 0.4，

信息学奥赛思维训练
培养创新与解决问题的能力
XINXIXUE AO-SAI SIWEI XUNLIAN
PEIYANG CHUANGXIN YU JIEJUE WENTI DE NENGLI

求 A 的胜率和期望得分。

$$P(X=0)=0.4^3=0.064$$

$$P(X=1)=\binom{3}{1}\times 0.6\times 0.4^3=0.115\ 2$$

$$P(X=2)=\binom{4}{2}\times 0.6^2\times 0.4^3=0.138\ 24$$

$$P(X=3)=1-P(X=0)-P(X=1)-P(X=2)=0.682\ 56$$

$$E(X)=0\times 0.064+1\times 0.115\ 2+2\times 0.138\ 24+3\times 0.682\ 56=2.439\ 36$$

故胜率为 0.682 56,期望得分为 2.439 36。

期望的线性性

$$E(aX+bY)=aE(X)+bE(Y)$$

相互独立的随机变量的乘积期望

当 X、Y 两个随机量互相独立(即一个量的取值不影响另一个)时,有

$$E(XY)=E(X)E(Y)$$

条件期望

$E(Y|X=x)$ 表示 X 取 x 的条件下 Y 的期望,即

$$E(Y\mid X=x)=\sum_{i=1}^{n}y_i P(Y=y_i\mid X=x)$$

全期望公式

设 X 的取值为 $a_1,a_2,\cdots,a_n$,Y 是一个随机变量,则

$$E(Y)=\sum_{i=1}^{n}P(X=a_i)E(Y\mid X=a_i)$$

期望递推

期望递推类似于动态规划的思想。如果一个状态由若干的前驱状态转移而来,且前驱状态的期望和转移来的概率均已知,那么就可以通过递推来求出这个状态的期望,而无须从头开始求。

我们来看一个期望递推的模板问题:给出一张 n 个点 m 条边的有向无环图,起点为 1,终点为 n,每条边都有一个长度,并且从起点出发能够到达所有的点,所有的点也都能够到达终点。从起点出发,走向终点,到达每一个节点时,如果该节点有 k 条边,可以选择任意一条边离开该点,并且走向每条边的概率为 $\dfrac{1}{k}$。现在想知道,从起点走到终点所经过的路径总长度期望是多少?

【解题思路】

解法一

如果用期望的原始定义,要算出所有路径的权值和概率,是不可能接受的。

但如果已经算出从起点到 u 的期望和概率,就可以直接由 u 后面相邻的点 v 的每个前驱节点的答案利用全期望公式推知 u 的答案。

使用拓扑排序即可保证递推顺序的正确性,复杂度为 $O(n)$。

解法二

解法一需要同时维护期望和概率,那么能不能只维护期望呢?

反向考虑,设 $E(u)$ 表示 u 到终点的期望时间,因为从每个点都能走到终点(注意这里和解法一的不同,解法一要乘概率是因为从起点到中间点并不是必然的),所以有

$$E(u) = \sum_{(u,v) \in E} d(u,v)E(v)$$

反向拓扑排序可以保证正确性,复杂度为 $O(n)$。参考程序如下:

```cpp
#include <bits/stdc++.h>
using namespace std;
typedef long long ll;
#define CI const int
CI maxn = 2e5 + 5;
struct node {
    ll nxt, to, val;
} e[maxn];
ll chu[maxn], cnt, head[maxn], out[maxn];
double dis[maxn];
ll n, m, tot, x, y, z;
void add(ll u, ll v, ll w) {
    cnt++;
    e[cnt].to = v;
    e[cnt].val = w;
    e[cnt].nxt = head[u];
    head[u] = cnt;
}
void topu() {
    queue<ll> q;
    q.push(n);
```

```
        while (! q.empty()) {
            ll x = q.front();
            q.pop();
            for (int i = head[x]; i; i = e[i].nxt) {
                ll to = e[i].to;
                dis[to] += (dis[x] + (double)e[i].val) / chu[to];
                out[to]--;
                if (! out[to])
        q.push(to);
            }
        }
}
int main() {
    ios::sync_with_stdio(0);
    cin.tie(0);
    cin >> n >> m;
    for (int i = 1; i <= m; i++) {
        cin >> x >> y >> z;
        add(y, x, z);
        chu[x]++;
        out[x]++;
    }
    topu();
    cout << setprecision(2) << fixed << dis[1];
    return 0;
}
```

四、博弈问题中的策略思维

在信息学竞赛中，博弈问题十分常见，博弈问题中的策略和思维方式十分有趣。我们在这里只研究一些 OI 中常见的博弈问题。

1.博弈问题的定义

博弈问题的形式一般是这样的：A 和 B 在玩游戏，A 先手，两人轮流行动。游戏当前的情况称为状态。对于一个状态 u，如果行动一步可以到达状态 v，则称 v 是 u 的后继状态。

所有状态形成一张图。如果这张图的点数有限且是有向无环图,则游戏一定是在有限步数内可以结束的。否则,游戏可能会无限地进行下去,这种游戏一般不会有人研究。

判断胜负的条件一般是这样的:

(1)若某个参与者无法行动,则他的对手将获胜。

(2)双方每次行动都会获得一定的分数,得分多者获胜。并且,此时双方一般都需要让自己的得分减去对方的得分最大。

2.必胜态和必败态

必胜态和必败态是博弈问题最基本的概念。当双方都采取最优策略时,只要游戏是可以结束的,则对于任意一个状态,当前行动的人的胜负情况一定是确定的,即必胜或必败之一。如果游戏可能无限进行下去,那么当前行动的人的胜负情况也唯一确定,即必胜、必败或平局之一。

可以知道,终止状态(即当前无法行动的状态)是必败态。对于一个状态,如果它的后继状态中至少有一个是必败态,则直接移动到该必败态即可使对方失败。反之,如果它的后继状态全是必胜态,则当前的行动人必败。

3.极大极小(Minimax)搜索算法

极大极小搜索算法是指在零和博弈中,玩家均会在可选的选项中选择将其 N 步后优势最大化或者令对手优势最小化的选项。

算法可以概括为——"己方利益最大化,对方利益最小化"。即一方要在可选的选项中选择将其优势最大化的选项,而另一方则选择令对手优势最小化的方法。

实现方法:它使用了简单的深度递归搜索技术来确定每个节点的值,从根节点开始,一直前进到叶子节点,然后在递归回溯时,将叶子节点的效用值往上回传——对于 Max 方,计算最大值;对于 Min 方,计算最小值。

当状态数较少时,可以直接使用记忆化搜索来解决。甚至在极为简单的情况下,可以根据 DP 方程直接推出通项结论。

最经典的问题就是下面的 Nim 游戏问题。

有 n 个石子,A 和 B 两人轮流取,A 先手。每次可以取 $1 \sim k$ 个,求获胜者。($1 \leqslant n$, $k \leqslant 10^{18}$)

【解题思路】假设 A 和 B 都非常聪明,取石子的过程中不会出现失误。游戏状态只和剩余石子的数量有关,有如下关系:

$$f(0) = 0$$
$$f(n) = ? \quad (\vee_{i=1}^{k} f(n-i))$$

事实上,归纳可证 $f(n) = [n \bmod (k+1) \neq 0]$。参考程序如下:

```
#include <cstdio>
#include <cstring>
using namespace std;
int main()
{
int t;
int n, k;
scanf("%d%d", &n, &k);
if( n <= k )
printf("A\n");
else
{
int tmp = n % (k + 1);
if( tmp == 0 )
printf("B\n");
else
printf("A\n");
}
return 0;
}
```

再看一道 CQOI(重庆市信息学奥林匹克竞赛)2013 年的棋盘游戏题目：一个 $n \times n$ 的棋盘上有黑白棋子各一枚，A 和 B 轮流移动棋子，A 先手。

A 只能移动白棋，可以向上下左右四个方向之一移动一格；

B 只能移动黑棋，可以向上下左右四个方向之一移动一格或两格。

当某游戏者把棋子移动到另一个游戏者的棋子的位置时，该游戏者获胜。

游戏的目标：若能获胜则尽快获胜，若不能获胜则尽量拖延时间。求获胜方及其获胜所需的回合数。（$1 \leqslant n \leqslant 20$）

【解题思路】容易发现，除非两颗棋子初始相邻，否则先手必败，后手必胜。所以应该用极大极小搜索算法，由于先手肯定会被后手吃掉，故先手尽量希望拖延时间，对答案取 max，后手取 min。

游戏的状态可以由五元组(o, x_1, y_1, x_2, y_2)唯一决定。其中 o 为当前行动方，x_1，y_1, x_2, y_2 为两颗棋子的坐标。设 $f(o, x_1, y_1, x_2, y_2)$ 为 o 采取最优行动时当前状态到结束所需的轮数。

信息学奥赛思维训练

培养创新与解决问题的能力

XINXIXUE AO-SAI SIWEI XUNLIAN

PEIYANG CHUANGXIN YU JIEJUE WENTI DE NENGLI

枚举当前行动方的所有行动：

若是先手，则取后继状态中 f 最大的（因为先手要让轮数最多）；

若是后手，则取后继状态中 f 最小的（后手要让轮数最少）。

但这样会陷入死递归（双方反复横跳），解决方法是将当前步数加入状态，注意到游戏最多进行 $O(n)$ 步就会结束，因此可以设置一个上限，当步数超过上限时返回 inf 即可。这样复杂度是 $O(n^5)$，核心代码如下：

```
const int d[9]={0,1,0,-1,0,2,0,-2,0};
int dfs(int p,int s,int x1,int y_1,int x2,int y2){
    if(s>n*3)return inf;
    if(x1==x2&&y_1==y2)return p? 0:inf;
    int& tmp=f[p][s][x1][y_1][x2][y2];
    if(tmp)return tmp;
    int ans,x,y;
    if(p){
        ans=0;
        for(int i=0;i<4;++i){
        x=x1+d[i],y=y_1+d[i+1];
            if(x<1||x>n||y<1||y>n)continue;
            ans=max(ans,dfs(0,s+1,x,y,x2,y2));
        }
    }
    else{
        ans=inf;
        for(int i=0;i<8;++i){
            x=x2+d[i],y=y2+d[i+1];
            if(x<1||x>n||y<1||y>n)continue;
            ans=min(ans,dfs(1,s+1,x1,y_1,x,y));
        }
    }return tmp=ans+1;
}
```

我们再来看一道一双木棋问题：有一个 $n \times m$ 的棋盘，每一个格子有两个数 $a_{i,j}$，$b_{i,j}$。A 和 B 落子，A 落黑子，B 落白子。一个格子可以落子，当且仅当它的左边和上边的所有格子都有棋子。游戏结束时，A 获得所有黑子所占格子的 $a_{i,j}$ 之和，B 获得所有白

子所占格子的 $b_{i,j}$ 之和。双方都要让自己的得分减对方的得分最大化，求当他们都采取最优策略时，A 的得分减 B 的得分的最大值。（$1 \leqslant n, m \leqslant 10$）

【解题思路】本题的难点在于如何根据当前的状态找到下一步可行的行动。注意到对任何一行，已经被占的格子只能是一个前缀，且被占的格子的数量一定是递减的，所以状态可以用一个不增的 n 项序列表示。

根据排列组合原理，可知状态数只有 $\binom{n+m-1}{n-1}$，最坏情况下有 $\binom{19}{9} = 92\ 378$ 种，因此可以存下。如果用一个 $m+1$ 进制 n 位的数来储存每行放棋子的状态，那么就可以利用记忆化搜索方式来优化这个搜索。

剩下的就是极大极小搜索的基本思路了。设 $f(o, S)$ 表示当前行动者为 o，状态为 S 的最大或最小的答案。参考程序如下：

```cpp
#include <bits/stdc++.h>
using namespace std;
using ll = long long;
int n, m;
const int N = 15;
int a[N][N], b[N][N];
using pii = pair<ll, bool>;
const int p = 4e6 - 3;
struct myHash
{
    int operator()(ll x) const { return x % p; }
};
unordered_map<ll, int, myHash> mp;
ll pw[N];
ll sum;
int col[N];
int dfs(ll S, bool I)
{
    if (S == sum) return 0;
    if (mp.count(S + I * sum)) return mp[S + I * sum];
    int &res = mp[S + I * sum];
    res = I ? 0x3f3f3f3f : 0xc0c0c0c0;
```

```
        for (int i = 1; i <= n; i++)
        {
                int j = col[i];
                if (i ! = 1 && col[i] == col[i - 1]) continue;
                if (j == m) continue;
                if (I)
                        col[i] = j + 1, res = min(res, dfs(S + pw[i], ! I) - b[i][j +
1]), col[i] = j;
                else
                        col[i] = j + 1, res = max(res, dfs(S + pw[i], ! I) + a[i][j +
1]), col[i] = j;
                if (! j) break;
        }
        return res;
    }
    int main()
    {
        ios::sync_with_stdio(0), cin.tie(0);
        cin >> n >> m;
        pw[0] = 1;
        for (int i = 1; i <= n; i++) pw[i] = 11 * pw[i - 1], sum += pw[i]
* m;
        for (int i = 1; i <= n; i++)
            for (int j = 1; j <= m; j++) cin >> a[i][j];
        for (int i = 1; i <= n; i++)
    for (int j = 1; j <= m; j++) cin >> b[i][j];
        cout << dfs(0, 0);
        cout.flush();
        return 0;
    }
```

4.SG 函数

SG 函数是处理多个独立公平博弈且博弈终止条件为一方无法行动的问题的重要工具。

公平博弈是一种规则较为简单的博弈。在公平博弈中，一个状态的行动集合仅和其本身有关，和当前行动者、双方之前行动的策略、其他因素（如掷骰子等随机变量）都无关。

设博弈的状态为 u，其后继结点为 $N(u)$，则递归定义：

$$SG(u) = \text{mex}_{v \in N(u)} SG(v)$$

其中 $\text{mex}(S)$ 是集合 S 中最小的没出现过的非负整数。终止状态（即一方无法行动的状态）的 SG 函数值为 0。

容易看出，当 u 的 SG 函数值为 0 时，u 为必败态（所有后继态 SG 函数值都非零）；当 u 的函数值非零时，u 为必胜态（所有后继态 SG 函数值都为 0）。

容易证明，前面的 Nim 游戏的 SG 函数是 $n \bmod (k+1)$。对于一般的问题，SG 函数可以直接暴力算，也可以打表找规律。

SG 定理：若一个博弈问题有 m 个独立的子博弈，其状态为 $u_1, u_2, \cdots, u_m$，记博弈问题的状态为 $u = (u_1, u_2, \cdots, u_n)$，则

$$SG(u) = \bigoplus_{i=1}^{m} SG(u_i)$$

SG 定理的证明

终止状态的异或和显然是 0。

如果当前状态的异或和非零，根据 SG 函数的定义，总可以将一个子博弈的 SG 值减小到小于它的任意一个非负整数，这样一定可以让异或和变为 0。

同时也容易构造出一种必胜策略：在异或和二进制最高位为 1 的最大值那个子博弈上行动。

如果当前状态的异或和为 0，这时不得不改变一个子博弈的 SG 值，所以一定会让异或和非零。

这样只要游戏可以终止，初始异或和为 0 的一方必然会到达终止状态，从而失败。

来看一个相关问题——Nim 游戏的和：有 n 堆石子，第 i 堆石子的数量为 a_i。A 和 B 两人轮流取，A 先手，每次可以从任意一堆中取 $1 \sim k$ 个，拿完最后一个石子的人获胜，求获胜者。（$1 \leqslant n \leqslant 10^6, 1 \leqslant a_i, k \leqslant 10^{18}$）

【解题思路】

根据 SG 定理，答案就是 $[\bigotimes_{i=1}^{n} (a_i \bmod k) \neq 0]$。

博弈论的题目结论证明往往非常烦琐。在竞赛中，打表找规律是一种简单有效的方法。

再看下面这个问题：有 n 堆石子，第 i 堆石子的数量为 a_i，第 $2k-1$ 堆和第 $2k$ 堆石子是同一组。A 和 B 两人轮流取，A 先手，每次可以移走一堆石子并将同组另一堆石子取出一部分放到被取走的石子的位置，求获胜者。（$1 \leqslant n \leqslant 2 \times 10^5, 1 \leqslant a_i \leqslant 2 \times 10^9$）

【解题思路】每组石子是独立的,因此只需确定 $n=2$ 的情况。

根据 SG 函数的定义,有

$$SG(x,y)=\text{mex}\{\text{mex}_{t=1}^{x-1}SG(t,y-t),\text{mex}_{t=1}^{y-1}SG(t,x-t)\}$$

这样可以设计如下程序,用 SG 函数打表找规律:

```cpp
#include<cstdio>
#include<cstring>
#include<iostream>
using namespace std;
#define N 225
inline int in(int x=0,char ch=getchar(),int v=1){
    while(ch! ='-'&&(ch>'9'||ch<'0')) ch=getchar();if(ch=='-') v=-1,ch=getchar();
    while(ch>='0'&&ch<='9') x=(x<<3)+(x<<1)+ch-'0',ch=getchar();return x*v;}
    int sg[N][N];
    int GetSG(int n,int m){
        if(sg[n][m]! =-1) return sg[n][m];
        bool b[N];memset(b,0,sizeof(b));
        for(int i=1;i<n;i++) b[GetSG(n-i,i)]=1;
        for(int i=1;i<m;i++) b[GetSG(i,m-i)]=1;
        for(int i=0;;i++) if(! b[i]) return sg[n][m]=i;
    }
    int main(){
        int t,n,m,a,b,ans;memset(sg,-1,sizeof(sg));sg[1][1]=0,sg[2][1]=sg[1][2]=1;
        n=10,m=10;
        for(int i=1;i<=n;i++)
            for(int j=1;j<=m;j++)
                printf("%d%c",GetSG(i,j)," \n"[j==m]);
        return 0;
    }
```

当 $n=10,m=10$ 时,SG 函数得到如下 10×10 的数字矩阵:

0 1 0 2 0 1 0 3 0 1

```
1 1 2 2 1 1 3 3 1 1
0 2 0 2 0 3 0 3 0 2
2 2 2 2 3 3 3 3 2 2
0 1 0 3 0 1 0 3 0 1
1 1 3 3 1 1 3 3 1 1
0 3 0 3 0 3 0 3 0 4
3 3 3 3 3 3 3 3 4 4
0 1 0 2 0 1 0 4 0 1
1 1 2 2 1 1 4 4 1 1
```

还可以修改 n、m 的值，得到更大的数字矩阵，更易于观察规律。通过观察，即可发现如下结论：

$SG(x,y) = SG(y,x)$；

$SG(2x,2y) = SG(x,y)+1$；

$SG(2x,2y+1) = SG(2x,2y)+1$；

$SG(2x+1,2y+1) = 0$。

再根据打表得出的规律，分别求出每一组的答案，参考程序如下：

```cpp
#include<cstdio>
#include<cstring>
#include<iostream>
using namespace std;
inline int in(int x=0,char ch=getchar(),int v=1){
    while(ch!='-'&&(ch>'9'||ch<'0')) ch=getchar();if(ch=='-') v=-1,ch=getchar();
    while(ch>='0'&&ch<='9') x=(x<<3)+(x<<1)+ch-'0',ch=getchar();return x*v;}
    inline int highbit(int x){for(int i=31;i>=0;i--) if((1<<i)<=x) return i;}
    inline int GetSG(int n,int m){
        if((n&1)&&(m&1)) return 0;
        if(!(n&1)&&!(m&1)) return GetSG(n/2,m/2)+1;
        return (n&1)? GetSG((n+1)/2,m/2)+1:GetSG(n/2,(m+1)/2)+1;
    }
int main(){
    int t,n,a,b,ans=0;t=in();
```

```
    while(t－－){
        n＝in();n/＝2;ans＝0;
        for(int i=1;i<=n;i++) a=in(),b=in(),ans^＝GetSG(a,b);
        if(ans) puts("YES");else puts("NO");
    }
    return 0;
}
```

5.k-Nim 问题

k-Nim 的基本模型:有 n 堆石子,每堆石子的数量为 a_i,A、B 两人每人每次可以从至多 k 堆石子中取任意多个,问获胜者是 A 还是 B?

必胜条件:将石子个数转化为二进制并将每一位分别相加。若每一位的和都是 $k+1$ 的倍数,则先手必败,否则先手必胜。

证明和构造必胜策略的方法和 Nim 游戏类似,同样是对每一个二进制位分别考虑。

证明如下:

全为 0 是必败态。

把所有的二进制位加起来。

当所有位数之和都是 $k+1$ 的倍数时,无论怎样执行方案都会走到一个存在位数之和不是 $k+1$ 的倍数的方案。

当存在位数之和不是 $k+1$ 的倍数时,取出不是 $k+1$ 的倍数的最高一位,将其中 $x \bmod (k+1)$ 个该位为 1 的石子改成 0,剩下的位用这些被选中的石子依次调整[$x \bmod(k+1)$ 是多少],一定会取得一个方案使得所有位数之和都是 $k+1$ 的倍数。

所以,构造方案如下:

存在位数之和不是 $k+1$ 的倍数,只要走到所有位数之和都是 $k+1$ 的倍数这个状态,而对方只能走到存在位数之和不是 $k+1$ 的倍数的状态,直到对方是一个必败态。

结论:必胜态,存在位数之和不是 $k+1$ 的倍数;必败态,所有位数之和都是 $k+1$ 的倍数。

来看一个 SDOI(山东省信息学奥林匹克竞赛)2011 年中黑白棋问题:有 m 枚黑棋和 m 枚白棋交错放在 $1×n$ 的棋盘上,A 和 B 轮流操作,A 先手,A 操作黑棋,B 操作白棋,黑棋只能向右移动,白棋只能向左移动。每人每次可以移动 1~k 个棋子,求 A 获胜的方案数对 10^9+7 取模的值。($1 \leqslant n,m,k \leqslant 10^6$)

【解题思路】转化题意:将相邻的白子和黑子看作一堆石子,二者距离看作石子的个数,则问题转化为 k-Nim 游戏。

我们反过来考虑,计算 A 失败的方案数,即石子数量每一位二进制和模 $k+1$ 为 0

的方案数。

设 $f(i,j)$ 表示前 i 位二进制和模 $k+1$ 为 0，当前已经有 j 个石子的方案数，则枚举当前位的石子数量，有

$$f(i+1,j+2^i x(k+1)) \leftarrow f(i,j) \binom{m}{x(k+1)}$$

故答案为

$$\binom{n}{2m} - \sum_{i=0}^{n-2m} f(L,i) \binom{n-m-1}{m}$$

参考程序如下：

```cpp
#include<iostream>
#include<cstdio>
using namespace std;
#define ll long long
#define MAX 10010
#define MOD 1000000007
void add(int &x,int y){x+=y;if(x>=MOD)x-=MOD;}
int jc[MAX],jv[MAX],inv[MAX];
int C(int n,int m){if(m>n)return 0;return 1ll * jc[n] * jv[m]%MOD * jv[n-m]%MOD;}
int f[15][MAX],n,K,d,ans;
int main()
{
    scanf("%d%d%d",&n,&K,&d);
    n-=K;K>>=1;jc[0]=jv[0]=inv[0]=inv[1]=1;
    for(int i=1;i<=n+K+K;++i)jc[i]=1ll * jc[i-1] * i%MOD;
    for(int i=2;i<=n+K+K;++i)inv[i]=1ll * inv[MOD%i] * (MOD-MOD/i)%MOD;
    for(int i=1;i<=n+K+K;++i)jv[i]=1ll * jv[i-1] * inv[i]%MOD;
    f[0][0]=1;
    for(int j=0;j<=13;++j)
        for(int i=0;i<=n;++i)
            if(f[j][i])
                for(int k=0;k<=K;k+=d+1)
```

```
                          if(i+(1<<j)*k<=n)add(f[j+1][i+(1<<j)*k],1ll
    *f[j][i]*C(K,k)%MOD);
        for(int i=0;i<=n;++i)add(ans,1ll*f[14][i]*C(n-i+K,K)%MOD);
        ans=(C(n+2*K,2*K)+MOD-ans)%MOD;
        printf("%d\n",ans);
        return 0;
}
```

6.阶梯 Nim 问题

阶梯 Nim 的基本模型：有 n 堆石子，第 i 堆石子有 a_i 个。A 和 B 轮流操作，A 先手。每次操作只能将任意多石子从第 i 堆移动到第 $i-1$ 堆（第 1 堆石子直接移除），不能移动者输。

必胜条件：

阶梯 Nim 等价于在所有奇数堆石子中做 Nim 游戏，即先手必胜条件是所有奇数堆石子数异或和非零。

证明：

最终情况是所有石子都被移除，异或和自然为 0。

若先手面对的是必胜条件，则直接玩 Nim 游戏即可（将奇数堆的若干石子移动到偶数堆，使得奇数堆异或和为 0）。

若先手面对的是必败条件，无论移动的是奇数堆还是偶数堆，都会破坏奇数堆异或和为 0 的性质。

再来看一个移动金币问题：有 n 个格子，m 枚金币，A 和 B 轮流操作，A 先手，每次操作可以选择一枚金币左移任意多格，但不能越过其他金币，不能操作者输。问有多少种初始状态先手必胜？（$1 \leqslant n \leqslant 1.5 \times 10^5$，$1 \leqslant m \leqslant 50$）

【解题思路】对于这道题，我们可以将相邻金币之间的距离看作一堆石子的数量，则问题转化为阶梯 Nim 问题。

其实不用管 m 枚金币具体在哪些位置，现在需要解决的问题是：将 $n-m$ 个物品分成编号从 $0 \sim m$ 的 $m+1$ 堆，要求所有奇数堆的异或和不为 0，问有多少种方案？

根据容斥法则，可以用总方案数减去奇数堆异或和为 0 的方案数。

设 $f[i][j]$ 表示所有奇数堆的二进制前 i 位的异或和为 0，共用了 j 个物品的方案数。在二进制的每一位上，为了使异或和为 0，必须要放偶数个 1。

假设 $m+1$ 堆中有 a 个奇数堆，b 个偶数堆，那么转移方程为

$$f[i][j] = \sum_{k\%2=0} f[i-1][j-k*2^{i-1}] * \binom{a}{k}$$

表示在第 i 位上放 k 个 1，所以在 a 个奇数位上任选 k 个放上 1。然后，填好所有奇数堆后，剩下的没有用到的物品就可以用插板法随意地分配到偶数堆里，总的时间复杂度为 $O(nm\log n)$。参考程序如下：

```cpp
#include <bits/stdc++.h>
using namespace std;
typedef long long ll;
template<typename T>
inline void read(T &num) {
T x = 0, f = 1; char ch = getchar();
for (; ch > '9' || ch < '0'; ch = getchar()) if (ch == '-') f = -1;
for (; ch <= '9' && ch >= '0'; ch = getchar()) x = (x << 3) + (x << 1) + (ch ^ '0');
num = x * f;
}
const ll mod = 1000000009;
ll fac[150005], invf[150005], f[21][150005], ans; // 放了二进制前 i 位用了 j 个物品
int n, m, l;
inline ll fpow(ll x, ll t) {
ll ret = 1;
for (; t; t >>= 1, x = x * x % mod) if (t & 1) ret = ret * x % mod;
return ret;
}
inline ll C(ll _n, ll _m) {
return fac[_n] * invf[_m] % mod * invf[_n - _m] % mod;
}
void init() {
fac[0] = invf[0] = 1;
for (int i = 1; i <= 150000; i++) {
fac[i] = fac[i-1] * i % mod;
}
invf[150000] = fpow(fac[150000], mod-2);
for (int i = 149999; i; i--) {
```

```
        invf[i] = invf[i + 1] * (i + 1) % mod;
    }
}
int main() {
read(n); read(m);
n -= m;
init();
int tmp = 1; while (tmp <= n) { l++; tmp <<= 1; }
int a = (m + 1) / 2, b = (m + 2) / 2;
f[0][0] = 1;
for (int i = 0; i < l; i++) {
for (int j = 0; j <= n; j++) {
if (! f[i][j]) continue;
for (int k = 0; k <= a && k * (1 << i) + j <= n; k += 2) {
f[i+1][j+k * (1<<i)] = (f[i+1][j+k * (1<<i)] + f[i][j] * C(a, k))
% mod;
    }
  }
}
for (int i = 0; i <= n; i++) {
ans = (ans + f[l][i] * C((n-i) + b - 1, b - 1) % mod) % mod;
}
ans = (C(n+m, m) - ans + mod) % mod;
printf("%lld\n", ans);
return 0;
}
```

第四章
实战篇：模拟竞赛，全面锻炼

一、考场上解决一道题的流程

1.读题

(1)读题时将简要的题意"翻译"出来,写在草稿纸上,不要在这一步对题意进行加工。

(2)判断题目所求解的问题类型,如最优化、计数、信息维护、模拟计算、构造、判定等。

(3)阅读数据范围,尤其注意数据范围的下界。

(4)估计题目所用的算法类型,并根据模板题经验大致估计写代码的时间。

(5)手算所有可计算的样例,确保题意无误后,再浏览一遍题面。

2.思考

根据数据范围随时计算当前可得到的分数,记录在草稿纸上。对题意进行转化的过程,将其以图的形式呈现在草稿纸上,如果遇到瓶颈,要及时回归更原始版本的题意。每次转化时,要标注清楚是把问题一般化、或做了等价转化、或根据数据范围内的特殊性质将问题特殊化,可以用以前做过的题来启发想法,但是不要过度依赖做过的题目。如果有猜想性质的算法,应该首先考虑反例,其次尝试证明,如果既没有反例也没有证明,则应该把这个算法的代码实现暂缓。得到算法后立刻检查能否满足边界情况,要特殊处理的记录在草稿纸上。根据得到的算法和平时练习的经验,较精准地估计写代码＋调试＋对拍的总时间,然后用算法得分除以时间得到得分效率,优先挑可接受时间内得分最大的算法,其次挑选得分效率最高的算法,即要有全局规划。

分配时间时,预留 45 分钟左右的空白机动时间,具体时间可根据自身经验调整。每道题的思考时间,原则上不超过 30 分钟,但对不能 AC(通过测试样例)的题,思考时间不宜低于 20 分钟,如果思考后感觉能得到的分数低于自己预期,应该在实现已有算法之后,继续投入机动时间思考。最好的总体规划模式是读完所有题目＋思考每道题＋开始写题,如果沉不住气,可以采用读完所有题目＋思考一题写一题的模式。

3.写代码

写代码之前把主要公式和细节列在草稿纸上,方便查看。写代码的时间如果超出预计时间较久,应及时放弃止损。对于所有变量,在 main 函数里先进行清空再使用,对于多组测试数据的题目,一定要在第一遍写代码的时候就考虑多次测试,不要最后再加,同时要记得清空 STL。

对于取模的题目,输出前再用一次万能取模:(ans ％ mod ＋ mod)％ mod。

对于输出为实数的题目,如果答案小于 eps＝1e−9,需要强行设置为 0,防止输出−0.000。

对于每个函数,确保考虑清楚了所传参数的所有情况,传入较大规模参数时可以考虑使用指针或者引用。对于自己犯过的同类型题目错误,一定要再检查一次。写完代码之后,浏览一遍代码,再开始调试。

4.调试

编译时,必须按照题目首页的编译开关进行命令行编译,然后打开−Wall 查看所有的 warning,将容易修改的 warning 全部修改,再去掉−Wall 编译一次。测试所有的样例和大样例,若全部正确则进入对拍环节,否则按下述步骤顺序进行调试。

步骤 1:浏览一遍题面,保证题意理解没有出错。

步骤 2:将小样例代入程序进行阅读或输出调试,将所有手误检查出来,分阶段、分函数确保结果的正确性。

步骤 3:小样例可以通过但大样例不能通过时,先考虑越界等问题,再任意手造一些数据代入程序进行阅读或输出调试进一步检查,如果都没有错误则考虑用对拍来造数据调试。

步骤 4:小数据对拍都能通过但大样例不能通过时,从头到尾阅读一遍程序,检查是否有写的代码和想的不一致的地方。

步骤 5:阅读之后仍没有找出错误的地方,可分阶段进行对拍确保阶段结果的正确性。

步骤 6:保存之前的代码,推倒重写,从头来过。

注意,在整个调试对拍的过程中,所有自己手造的、对拍出过错的数据,应全部都保存一遍用于之后的测试。可以写一个 bash 或程序来帮助一次性测试所有数据。

5.对拍

每道题都必须有对拍或者类似确保正确性的流程。

6.提交

检查文件名和文件输入、输出,确保代码放对位置。按照题面第一页给出的编译命令进行一次命令行编译。测试所有的数据,确保无误。

上述的六个步骤是参赛选手在考场上做题的策略和解题的流程,目的就是得分最大化。

二、对拍和生成测试数据的技巧

为什么要讨论这个话题? 从操作上来说,这里讲的对拍是每名选手都已经熟知的,但是从缘由和技术上来说,可能有如下几个问题:选手可能还不太知道 OI 比赛的一些"规则",所以不能灵活地完成对拍,不熟悉数据生成的一些方法和技巧,导致对拍写起来困难、起不到效果,只知道机械地执行对拍的流程,而不是真正有效地利用对拍查错。针对这些问题,下面从选手和出题人两个角度,以介绍经验为主,介绍对拍与数据生成的技巧。

1.OI 赛制与基本策略探讨

现行国内 OI 赛制都是黑箱测试与客观题,测试点独立、无捆绑,单次提交,几乎没有复评机会,能够完美地解出题来永远是上上策。它有如下特点:唯答案论,无论用什么方法,在限制时间内求出正确的答案即可;分测试点突破,不一定要做出来所有分数,即使参数相同的测试点也可能部分得分、部分不得分;保证正确性,仅有一次提交机会,要确保不会失误。

暴力朴素程序

对于大多数题目,总会有一个读完题就能知道的最朴素的做法,其中的一个策略是读完题后立即写出这个做法。

优点:可以帮助确认题意,作为对拍的标准答案生成器,想不到更优秀的算法时可以得到一定分数。

缺点:可能占用大量的时间,写错了可能会影响整体考试。

对拍

除了准备提交的程序外,再额外写一个生成输入数据的程序和一个生成"正确"输出数据的程序。

优点:能够有力地检查出各种错误,并得到调试所需的数据。

缺点:可能会占用大量的时间(甚至超过写准备提交的程序的时间),也可能会因为各种原因失效。

调试

常用的方法是输出调试,如果熟练的话也可以使用单步调试,调试是在有出错的数据时帮助修改程序的有效方式。

优点:传统有效的查错方式,即使在输出不出错的时候也可以用于帮助确认程序各部分是否正确运行。

缺点:需要有数据才能发现错误,很多时候得到有效的数据是有困难的。

阅读程序

从头到尾阅读一遍程序,并找出其中有问题的部分,对拍时可能会得到出错的数据。

优点:对错误原因毫无头绪或者整个程序已经修改得面目全非时,往往从头阅读一遍程序是最有效也是唯一的查错方式。

缺点:花费极大量的时间,可能影响考试情绪。

以上几种策略的使用与配合,对于简单题来说,对拍是必不可少的。对拍往往要写朴素程序,对拍得到错误数据后再对程序进行调试,对于普通题来说,前三种策略是必不可少的。如果样例没有通过,不要立刻用样例进行调试,因为样例也可能是复杂的,可以在这个时候进行对拍,得到更简单或者更直观的数据进行调试。确实调试不出来的时候,再考虑使用阅读程序的方法来查错,这个时候不一定要带着数据读,也可以直接读程序的思路。不要轻易推倒重写,即使没有办法不得不推倒重写也不要删除原来的程序;不一定要重写整个程序,可以只重写程序的一部分。重写之后,就得到了不止一个程序,有些时候多个程序之间可以相互对拍,尤其在不确定哪个程序正确时,可以通过对拍一些小数据来帮助选手确认。

2.对拍的基本方法与技巧

用于对拍的朴素程序的选择,正确性必须是首先考虑的,即如果是一个没有把握正确的部分分算法,那么对拍是完全没有意义的。对于性价比则需要仔细衡量,选手不应该在这个朴素程序上花费过多时间,但如果能够获得复杂度更低的朴素程序,可对拍的范围也就更大了。不管怎么说,对于每道题刚开始就写出一个朴素程序往往是好的选择。

通常,一组对拍应该有下面四种情况:

(1)希望被确认正确性的程序。

(2)一个被认为绝对正确的程序。

（3）能够生成符合题述条件的输入数据的程序。

（4）一个能够自动运行以上程序并比较输入文件的程序。

实际应用中有很多例外情况，我们之后再讨论。

使用 C++ 写控制对拍的程序，使用 system 函数即可。用 C++ 语言虽然麻烦，但是可以保证控制对拍的程序不会写错，毕竟对于大多数选手来说，不一定熟练掌握 Windows 下的 bat 和 Linux 下的 bash 的全部用法。想对对拍进行扩展，比如显示对拍组数、显示耗时、计算平均耗时和最大耗时、输出更多提示信息等，用 C++ 更容易完成。在＜ctime＞库中，用函数 clock() 可以获取当前的系统时间，这样就可以在 C++ 里得到一个程序的运行时间。

除了 WA（答案错误）以外，OI 中最容易出现的错误就是 TLE（时间超限），对拍不仅能够帮选手检查出 WA，也可以帮我们找到一些构造性的 TLE 的数据。比如可以先通过拍若干组数据来得到一个平均耗时，然后设定一个阈值（比如平均耗时的2.5倍），把大于这个阈值的数据找出来，看看有哪些没考虑到的问题。如果同一规模的数据运行时间的极差较大，则代表数据有一定可构造性，使得你的算法较卡，这时候就应该转而考虑数据的构造。

考虑耗时的优点是扩展了对拍的功能，不仅可以帮选手找到 WA 的错误数据，还能找到可能出现 TLE 的错误数据。缺点是时间测试不一定准确，往往只有相对运行时间能够给选手提供信息。时间测试本身就有误差，特别是对于小数据，误差带来的测试波动可能大于运行时间本身的波动。

3.单个程序对拍技巧

由于能够保证正确性的程序运行效率一般是较低的，所以往往不能用普通的对拍来检测一些极限数据的情况。这个时候可以考虑去掉朴素程序，只使用标准代码和数据生成器进行对拍，虽然这时通常不能检测程序的正确性，但是可以帮选手检测其他方面的问题。

例如，刚才提到的计算平均耗时、最大耗时以及耗时极差等问题，完全可以独立于朴素程序进行。

边界量的检查

在＜assert＞库中，库函数 assert 可以检测一个表达式是否为真，若为真则正常运行，若为假则异常退出程序。利用 assert 和对拍，可以找出使程序 RE（运行错误）的数据。

例如，有些始终为正值的量，每次计算以后用 assert 进行判断，如果出现不为正值，则可以异常退出并保留数据。对于数组越界、函数参数值等问题，也可以进行类似检查。

需要注意的是,assert 本身也是一个很耗时的操作,所以用对拍检查 RE 时不宜同时检查 TLE。

从答案构造数据

对于某些题目,如果事先知道答案,那么逆向构造数据就是容易的,但相反,直接构造往往得不到有用的数据。

例如某道题给定 N 个区间,求它们交集的长度,如果直接随机选 N 个区间,那么答案就几乎全部为 0,这样的对拍就没有意义了。

但反过来,假设先确定一个区间,然后生成 N 个区间使得每个区间都包含这个确定的区间,那么就可以得到合理的数据了。

构造数据的同时构造答案

沿用刚才的问题,如果把最开始确定的那个区间也作为 N 个区间之一,那么生成数据的时候选手已经得到答案了,就不必额外采用一个朴素程序来生成答案,直接用构造输入数据的程序得到输出答案即可。但上面的做法得到的数据类型可能不够丰富,实际上还可以这样做:首先随机生成几十个区间,然后暴力计算它们的交集,之后生成的区间都要求包含这个交集,这样一来即使有几百万个区间,也可以进行对拍,且得到的数据类型看起来就足够多了。

数据生成器随机种子

我们经常会这样来初始化随机种子:srand(time(NULL))。如果随机种子相同,那么生成的随机数也是相同的,所以对拍的时候要求随机种子不断变化。但 time(NULL) 的返回值是从 1970 年 1 月 1 日 0 时 0 分 0 秒到当前时间为止经过的秒数,即 1 秒才发生 1 次变化,故即使看到对拍跑得飞快,实际上 10 分钟也就拍了 600 组数据。

对于构造性特别强的小数据,几万组里随机不出一组是很正常的,所以我们希望加快对拍速度。

加快对拍速度

使用上一组数据的答案来作为下一组数据的随机种子,这样做的好处是能保证每组数据都更新了随机种子,但不足之处是局限性很大,例如不适用答案种类不是很多的题目。实际上,若 Windows 里有一个自带的随机数发生器:％random％,想办法把这个随机数传给程序作为种子,则要用到 main 函数的传入参数(int argc, char * argv[])了。在 main 函数的传入参数中,argc 表示参数个数,argv 表示参数列表,该列表从 1 开始计数。

对拍的整体思路

先拍小数据且重点拍小数据,大部分题目中,大数据会出的错小数据也会出错,甚至于只在小数据中出错，且大数据往往不方便调试。大数据主要用于检查 TLE、RE 等情况，但也应该适当拍几组较大的数据以检查其正确性。不要过度相信对拍，对拍不出错不代表程序没问题，如总内存溢出、越界等常见问题，还是需要手动排查的，但也一定不要不对拍。

4.测试数据生成的方法与技巧

随机生成整数

rand()％p 即可生成一个 $0 \sim p-1$ 的整数。在 Windows 系统下，rand() 返回值的范围为 0～32 767，如果想生成更大的整数，可以使用 rand() * rand()，但这样一来生成的数就不是均匀分布的了，例如没有办法用 rand() * rand() 生成一个质数。

改进的方法是使用 rand() * rand()＋rand()，如果再取个模的话，生成的数的分布看起来就会科学很多。还可以分段生成一个整数，例如要生成一个 10^9 以内的数，可以使用 rand()％1000 * 1000000＋rand()％1000 * 1000＋rand()％1000。

这样就可以得到一个合理的均匀分布了，但这个做法仅限于特殊的范围，对于一般的范围只能认为取模以后是近似均匀分布的。如果要生成 $[a,b]$ 内的一个整数，可以在对 $b-a+1$ 取模后加上 a。

随机生成浮点数

生成整数以后，根据所需浮点数位数除以 10 的幂次即可，若要生成某个范围内的浮点数，则先将这个范围映射到一个整数范围，生成该范围内整数后再除以 10 的幂次。但如果给定的范围是分数，则可能需要判断上下界。

随机生成字符串

理论上讲，直接随机每一位的字符即可，但是这样造出来的数据是很弱的。回忆一下各类字符串算法在什么情况下复杂度较坏：一是连续出现大量重复字符，二是连续出现循环串。实际上可以把以上两种情况合并考虑，即每次生成一个短字符串然后将其复制若干遍连接起来，再生成下一个短字符串并进行连接，以此类推。

随机生成多个字符串

考虑 AC 自动机或者单纯 Trie 树的话，可能会去想让多个字符串之间公共前缀的部分尽可能地长。也可以直接随机生成 Trie 树，但这样做往往不太容易控制字符串总长度，需要进行特殊处理。另一个生成强有力的数据的方式是，先按生成单个字符串的方式生成一个长字符串，然后每次取这个长字符串的子串。

随机生成树

最简单的得到一棵树的方法：将 1 号点作为根；对于第 i 号点，在 $1 \sim i-1$ 号点中随机选出一个点作为其父亲。但是这样做有很多问题，比如说如果这是一道无根树的题目,那么可能会在 std 里选择 1 号点作为根,但生成数据时也是 1 号点作为根。其中一个解决方法是,生成数据后,对编号进行打乱重排,使用＜algorithm＞库中的 random_ shffule 函数即可做到。

另一个问题是,刚才生成的树期望的树高是 $O(\log n)$ 的,而且是一棵很匀称的树。一个完美的解决方案是,不随机生成树,而是随机生成树的 Prufer 序列,这样就可以等概率地生成各种形态的树。但实际上,不需要等概率地生成所有形态的树,只需要有针对性地生成一些特殊的树即可。

随机生成特殊的树

链和菊花图都是非常特殊的树,可以对这两种树做一些扩展,比如在链上随机悬挂一些小树,或将菊花图的每个叶子替换成一棵棵小树。如果把随机父亲节点从 $1\sim i-1$ 改为 $1\sim\dfrac{i}{k}$ 或 $i-k\sim i-1$,则可以得到树高很小或很大的较随机的树。

在设计数据时,出题人可能会把上面的几种特殊的树结合起来,例如首先确定一个根节点,然后给根节点若干个子节点,以每个子节点为根生成一棵刚才提到的特殊的树或随机的树之一,只要每个子节点为根的树上节点数量比较均匀,这样生成的数据看起来就非常强而有力了。当然对于一些类似树分治的题,在不确定哪种树属于这道题中比较"特殊"的树的时候,随机 Prufer 序列也是一个保底的做法。

随机生成图

假设节点个数确定,则只需要随机生成每条边的两个端点即可。如果不希望有自环,则要求每次生成的边两个端点不同;如果不希望有重边,则可以用一个 set 套 pair 来维护所有已经生成过的边,注意对于无向图,则需要把每条边的两个端点交换一下再插入 set 一次;如果希望得到连通图,则可以先生成一棵树,然后随机在树上加边。

随机生成有向图

理论上生成无向图后加一些边即可生成有向图,但可能出现一些新的情况。例如有向图上从 u 到 v 的边与从 v 到 u 的边可能不会被看作重边,所以不需要交换顺序插入 set 两次。

如果需要一个源点出发后能够到达所有点,则可以先以其为根生成一棵树,将树上边的方向都标为从父亲到儿子即可。

如果需要一个汇点能够被所有点走到,则可以先以其为根生成一棵树,将树上边的方向都标为从儿子到父亲即可。

随机生成有向无环图

朴素的想法是先生成任意有向图,然后强连通分量缩点即可,但这样会带来一些问题,比如点和边的数量会急剧减少,且程序写起来也较麻烦。还有一个想法是利用 DAG

的性质,首先生成一组拓扑序(用一个数组 $a[i]=i$ 在 random_shuffle 下),然后规定每次随机的边的方向都是由拓扑序小的点指向拓扑序大的点即可,这样得到的图一定就是有向无环图。

随机生成仙人掌

如果一个无向连通图的任意一条边最多属于一个环,就可以称之为仙人掌。仙人掌中每条边至多对应一个环,所以 n 个节点的仙人掌的边数不会超过 $2n-2$。

考虑怎样随机生成仙人掌时,朴素的想法是首先生成一棵树,然后每次随机加一条边,判定一下当前是不是仙人掌,如果是则保留这条边,否则就将这条边去掉。这个方法可以生成比较"均匀"的仙人掌,但显然不适用于大数据。如果要生成一个满是环的仙人掌,可以采取这个方法:首先生成一棵树,然后在树上进行深度优先搜索,每次回溯时以一个概率随机向上走,标记沿途经过的树边,直到随机到不向上走或碰到标记过的树边,将停下来的位置和往上走的起点连成一条非树边。

由于每条边至多被标记一次,所以这样生成仙人掌的复杂度是 $O(n)$。注意这个方法生成的环大多是小环,如果最开始人为生成几个大环并标记相应的边,那就能得到一个非常强的仙人掌数据了。

随机生成数据结构

对于数据结构题,输入数据往往是一个序列和若干个操作。对于输入的序列,一般来讲直接随机即可,如果某道题数据明显地在序列呈现某种情况的时候比较强,则可以先生成符合这个条件的序列,然后不生成任何修改操作只生成询问操作进行对拍即可。

对于某个操作,重点在于操作的区间,如果随机生成这个区间,则可能带来一些问题。例如如果有区间赋值操作,且这种操作期望出现 $O(n)$ 次,每次操作的区间期望长度也是 $O(n)$,则会使这样的数据在某些特别的数据结构面前非常弱。针对于此,在生成操作的区间时,可以对于区间不太长的情况生成若干组数据对拍,再对于区间较长的情况生成若干组数据对拍,最后将它们混合起来生成若干组数据对拍。

除此之外,也不要每次生成数据的时候都操作一遍,可以每次就取其中几种操作来对拍,这样更有利于细化出错的数据。

随机生成凸包

朴素的想法是首先随机一大把点,然后对这些点做凸包,但做完凸包以后点数会急剧减少,且写起来也比较麻烦。可以考虑在单位圆上随机取一些点作为凸包上的点,只需要随机 x 坐标就可以计算出 y 坐标,这样生成的点就会全部在凸包上。如果觉得圆还不够强,可以在椭圆上生成点,最后再将得到的凸包做一个整体的旋转或平移即可。

随机生成半平面

简单的做法是直接随机生成直线,但这样做不能确定它们的交集是什么(大概率为空)。回溯从答案构造数据的思想,可以先生成一个凸包,然后以凸包的每条边所在直线作半平面。

三、考场应对策略与能力提升

1.考前需要准备的部分是熟练基本的算法,即常见的图论算法、数学算法的模板等。如果距离比赛的时间比较短,就不要去学习较难的新算法,把仅剩的时间用在巩固之前学过但有些遗忘的知识点上。考前的一两天一定要放松心态,不再做较难的题目,做一些简单的题帮助自己提升信心就可以了。前一天晚上早点睡觉,参赛时至少提前 30 分钟到达考场。拿到试题后看好考试要求,比如:题目的英文名,是否要求建子文件夹,编译命令是否开启 C++14 或－O2。如果开启了 C++14 或者－O2(或者其他和默认编译指令不同的),应直接在本机编译命令中加入,以免出现本机 AC,而提交 CE 的低级错误。

2.前期先拿签到分,OI 比赛和其他多数赛事的不同之处在于有大量的部分分。多数情况下,如果你能写出三道题的签到分,将得到超过完整做出一道题的分数。有时候,某道题可能非常简单;多数情况下,每道题都有不同程度的签到分。先仔细研究一下第一题,如果有满分思路而且代码比较简洁,就可以直接写。然后通读其他题目,读懂题意并在 10 分钟内想出一种保证正确性的算法(可以出现 TLE 或者 RE 等情况,最好是直接 AC,再开始写)。如果某道题没有思路,先直接跳过,最后再写。

如果有特殊性质(例如树退化成一条链)的部分分有思路,可以先标上,待签到完成后再写,也可以跟暴力程序一起写。

如果写完代码但过不去样例,而且 10～20 分钟内没改正确,就应考虑换做下一道题,这道题可以放在旁边随时看着,也许在某一时刻能想到解决办法。

另外需要注意一点:某些题可能看第一眼就会有满分(或者高分)做法,但这个做法比较难写或者容易过不去样例(例如在线段树上维护多个值和多个标记);或者看第一眼就会有一个正确性不确定的做法(例如贪心策略)。这时可以先写一个简洁且保证正确性的暴力程序,等所有签到分都到手之后再去优化。这样做的好处是:这个暴力程序可以提供更多的样例,以验证正解的正确性,对拍正解的程序。

3.中期签到结束后应攻克高分乃至正解。但不一定要从第 1 题和第 2 题开始,也可能是第 3 题或第 4 题有更好的思路。

总体要按增加得分或预期时间来决定先写哪道题,不能想先写能 AC 的,因为 OI 赛场上需要的是多拿分。

不保证正确性的代码应酌情降低优先级,且写完一定要自己造一些数据来验证。留着暴力朴素代码,不要直接覆盖,因为后面要用它来验证对拍。

不同部分分之间尽量避免用除输入数据外的相同的变量名,避免冲突。

如果写特殊性质的部分分,一定要先判断数据范围小的特殊情况,再判断特殊性质,这样可以避免特殊性质写错导致该拿的分丢掉。对这些部分分一定要多留意,可能某个部分分就很好写,也许只需要给暴力代码加上 10 行就可以多得 10 分。

一道题写完代码但过不去样例,卡住 20 分钟以上且还有会的题没写,或者考试剩余时间不足 10 分钟,应立刻舍弃这道题,换下一题。

4.最后 10 分钟,有可能直接决定你的最终成绩! 在比赛结束前 15 分钟,应停止一切思考题目的工作,除非这道题想出来了且只需要写几行代码;在比赛结束前 10 分钟,应停止一切写代码和调试的工作。此时要做的是,检查代码的以下问题:

(1)注意编译命令,是否 CE。

(2)检查输出格式是否 PE,比如题目要求输出用回车间隔,你输出选择的是用空格间隔。

(3)是否 MLE,比如你定义了多维数组:int dp[210][210][5010]。

(4)文件名是否正确,是否误将 freopen 注释掉了,另外要注意 freopen 格式。

(5)数组长度是否足够,对于这个错误,最好的查错方法就是造一组最大范围的数据。

(6)变量是否初始化,多组数据是否在读入开始前已清空。

(7)调试代码是否全部删除,比如:输出中间结果。

(8)是否有中间结果可能会爆 int 或者爆 long long,比如,ans＝ans * x％p,ans 是 int 型,p 是 10^9+7。

(9)是否会在某些边界数据上出错,例如 $n=1$ 等。

(10)最终代码能否通过全部样例,这要在上述错误全部改完后再查。

(11)对于所有类似“答案对 p 取模”的题,为保险起见,应在最后输出结果的时候输出形如(ans％p＋p)％p 来保证 ans 一定在[0,p]内。

(12)最后,再检查一遍是否有 CE,文件名、文件夹是否正确,然后静待交卷即可。

第五章
心理篇：良好心态，应对挑战

一、竞赛自信心的培养与保持

　　自信是一种正确、积极的自我观念和自我评价。积极意味着一种对自己的认同、肯定和支持的态度。而在现今的学生中，普遍存在着自我评价过低的现象，很多学生在能够完成的事情面前，认为自己做不了，于是畏缩犹豫、裹足不前，压抑了内在能力的发挥。在竞赛中，自信心对学生至关重要。缺乏自信，要想在竞赛中取得好成绩，根本就是不可能的。教育家加里宁认为："教师的世界观，他的品行，他的生活，他对每一现象的态度，都这样那样地影响全体学生。"这句话道出了一个道理，教师不仅是学生知识的传授者，更应该做学生的楷模。因此，教师要用自己的自信心鼓舞和感染激励学生，学生在潜移默化中受到了鼓舞和感染，也会信心百倍。

　　保持自信心的最好方法就是做好知识的储备。首先最重要的就是至少得学过题目所需要的算法，具备足够的知识储备才能把题目完成。虽然每年的各大比赛能出的题目可能有几十道甚至上百道，但在信息学竞赛里能够用到的算法也就那么几十种，所以这些题目不可能每一道都是全新的算法。一般情况下，出题人出一道题最方便的方法就是找一个以前出现过的模型或一个常见算法，然后加入一些其他元素进行修改或者推广，甚至也可能把好几个不同的算法合并成一道题放在比赛中。所以绝大多数的题，尤其是比赛中简单到中档难度的题，只要学过它对应的算法，大都是能够通过举一反三思考想出来的。这就是为什么说具有足够的知识储备对比赛的发挥非常重要。

　　怎样去学这些知识点呢？网络上有很多公开的资源，并且知识点都会按难度被分类整理好。但是这其中存在一个问题,因为所有人都可以去贡献这类公开资源,贡献者水平的参差不齐会导致内容的质量无法保证,所以需要学生自己去仔细甄别并且进行筛选。另外,有些渠道也能够获得非公开的资源,比如学校内部整理的资料、培训机构有经验的老师整理的资料、比赛大纲等。比赛大纲中规定了很多知识点的难度评分,哪些知识点一定是会在最高级别的比赛中考到呢?比如快速傅里叶变换一定是要到国家队选拔赛的级别才会考。这对学习内容安排还是有一定的参考意义的,可以帮助选手在中档的比赛中减轻很多负担。当你明确知道有哪些知识点目前是不会考的,就可以把它们留到以后再去学习。

知道了要学哪些知识点后,下一步的问题就是如何去学了。一个知识点的用途可以是多种多样的,所以不但要掌握知识点,还要学习并熟悉它的各种应用场景。可以找围绕同一个知识点所整理好的题单,或者利用网站上已按算法分类的题目进行练习。当集中思考这些题目后,会发现有异曲同工之处藏在题目中,这是单纯学习一道题的算法时学不到的东西,即触类旁通和举一反三。在这个过程中,并不一定要把每道题的代码都写出来,因为同一个类型的题目可能很多代码都是类似的,重点在于思路的掌握。如果要写代码的话,写三至六道就够了,其他题只需要思考,会做就可以了,这也是节省时间的一个办法。

实战训练也是一种有效培养自信心的方法。很多题目的考点不在于某个算法本身,而在于思维能力,需要选手观察并发现题目中的性质来实现算法。这类题目有很多,比如构造题或者需要去猜结论的题目;还有一些非传统的题,比如说交互题或者通信题之类的。这类题目不一定会有现成的算法,一般只能靠自己思考。可以去找一些小样例数据寻找灵感,也可以去尝试通用的设计算法的思路,比如分治法、二分法、递推法等。对于一些最优化的题目,可以去观察最优解应该满足什么性质,再从性质入手设计算法。每个人采用的比赛策略都不太一样,最通用的策略就是比赛开始前先把所有题目都默读一遍,感受一下大致的难度。在赛前模拟赛后,复盘自己模拟比赛时的策略,也可以和同学、教练员交流,比如题目的丢分原因或题目没想出来的原因等等。通过模拟和实战训练逐渐学会把控时间,理性选择题目顺序,不断提升自己的实战经验和信心。

制定好目标也是保持自信心必不可少的手段,制定的目标可以分为长期目标和短期目标。长期目标主要体现在竞赛方面的最高追求,一般会带有梦想色彩。可能这个目标从当前的现状来看会有些"不切实际",但可以带来整体性的思路指导及信心鼓励。很多同学正处于竞赛初期阶段,觉得难题很多,算法学习也很困难,产生了"自己不如那些有天赋的'高手'"的想法。其实多数学生都处于初期的学习阶段,潜力并没有被完全开发出来,所以千万不要根据目前的表现而轻易断言自己的未来发展。自己一定要信心能做到更好,不低估自己的潜能。短期目标侧重于当前的水平状况,更加注重现实性。有梦想很重要,但更重要的是要脚踏实地,要给自己一些现实性的指导去解决目前的问题。如果觉得自己的学习遇到了瓶颈,似乎难以进步,那么就去规划一下短期目标,寻找一个较现实的下一步目标作为当前状况的突破口。还可以选比自己水平更高,但是差距不算特别大的同学作为目标,再和目标群体进行积极交流,争取能够到达他们的水平,并一步一步继续前进。如果从一开始就把目标定位到与自己差距过大的优秀群体上,不仅会在心理上承受更大压力,在交流的过程中也可能会出现很多问题。除此之外,还要根据自己的现实情况阶段性调整目标。在竞赛学习中每几个月给自己制定一个短期目标,几个月后根据自己的完成度、超出预想范围、不足之处等,再总结现状并调整目标。

二、竞赛坚持与毅力的重要性

热爱一件事情,就要把一件事情做到极致,坚持与毅力尤为重要。如何提高信息学竞赛实战经验呢?首先是多参加常规比赛和模拟比赛,除常规比赛外,尽可能多参加以OI赛制为主的不同平台、题型的模拟赛,且对待模拟比赛要像对待正式比赛一样认真专注。一方面通过实战熟悉OI赛制和比赛技巧;另一方面,在比赛结束后,根据自己的得分情况,从对知识点的掌握情况和比赛策略两方面入手,及时复盘、总结考试情况,找到自己在竞赛学习中的弱点。每一次比赛后,记录题目中考查的知识点,分析总结后找到自己所欠缺的,有针对性地对这些知识点及时进行同类型题目训练,确保自己熟练掌握这些知识点,丰富自己的知识储备。

面对不同比赛不同题目,采用的策略也是不同的。在赛场上如何分配每道题的思考时间,遇到没有思路的题目该怎么办等一些不可预料的问题,都可以在日常训练和模拟比赛中总结出经验。参加模拟比赛可以锻炼在赛场上随机应变的心态和能力,便于在正式比赛中第一时间做出正确的策略,在较少的时间内,拿到较多的分数。参加信息学竞赛需要付出很多努力和时间,无论遇到多大的困难和挫折,都要坚定信心,不断挑战自我,克服困难并不断进步。

在学习信息学竞赛的过程中逐渐构建知识基础和解题思路。首先要学习足够的数学知识,数学和信息学在某种程度上是相通的,所以想要在信息学竞赛路上长远发展,一定要注重数学知识储备,最好掌握超越现阶段所需的数学知识。当碰到一道难题,如果数学知识储备量足够,便可以从更高视角看待这个问题,思路会变得简单清晰;如果数学知识不足,可能会要花费较多时间,甚至没有思路,无从下手。例如小学数学的鸡兔同笼问题,可以用假设法解决,但用方程解决花费的时间更少、运算速度也更快。其次是多进行思维和代码训练,有一定的刷题量和知识储备后,就会找到题目的算法模型和解题技巧。在掌握竞赛常用算法模型、解题技巧后，面对题目时，就能够从条件出发，搜寻日常练习做过的近似题目，明确该题考查的算法模型及常用的解题技巧，从而快速高效解决题目。如果没有搜寻到相似题目，还可以联想条件之间的联系，一旦找到题目条件之间的联系，就能推导出有用的性质，这些性质能够帮助我们迅速整理思路。联想条件之间的联系是有一定难度的，需要在日常练习中培养思维能力。面对一道题目时，从多角度进行启发思考，逐步提高分析、解决问题的能力。想要在竞赛中获得一定成绩，除了明确题目的解题思路，还要保证其能通过代码快速、准确地展示结果，两者缺一不可。提升写代码的能力，则要经过大量练习，对一段代码进行反复调试，才能保证结果。

要正确处理竞赛与文化课学习的关系。文化课和信息学竞赛同等重要，在竞赛学习中投入的时间与文化课的成绩有密切的关系，如果文化课基础比较扎实，可能会多倾向竞赛一些时间，反之亦然。对大部分的学生来说，时间都是很宝贵的，如果花太多时间在竞赛上，就没有充足的时间去学习文化课。应该在学习文化课时就专心地学习文化课，不要一边做作业，一边又思考竞赛题。在学习竞赛时把自己的所有精力投入题目上，不要去考虑"自己作业有没有做完"等与文化课相关的问题。竞赛学习有助于文化课学习，学习竞赛对中学阶段的文化课在一定程度上是有帮助的。因为竞赛可以培养学生缜密的思维，培养学生全面的发现问题、思考问题的能力，这种能力反过来会促进文化课的提升。

三、应对竞赛压力的方法与技巧

首先是解题能力的训练，如今互联网上虽然有非常多的资源，但良莠不齐。做题要以质而不是量作为标准，所以如何快速整理出高质量资源是一件非常重要的事。目前比较流行的做题网站各有侧重点，例如：洛谷题库中的模板题比较多，Universal Online Judge（UOJ）或 Libre Online Judge（LOJ）网站上集训作业等综合题比较集中，Codeforces 题库中注重思维模式的题目多一些，这些题目可能会让你对基础算法进行巧妙应用，把它们进行分析和整合后才能得到完善的解题思路。高强度训练此类题，可以更好地锻炼思维模式，但是会缺失关于一些复杂算法的掌握。历年比赛真题是非常宝贵的资源，数量也相对有限，所以学生最好在自己状态好的时候去利用这些资源，通过这些训练让自己更好地体会"比赛感"。还可以进行专题训练，集中于某一个知识点进行学习。如果想成为高水平的竞赛选手，仅靠专题训练是不够的，还需要再适时进行杂题训练，做一些自己也不知道是什么算法的题目，从头开始探索，确保自己有较好的比赛能力。在学习信息学竞赛的过程中，学生难免会对某些领域更感兴趣。对自己感兴趣的领域进行深入研究，有所擅长并不是件坏事，但正处于准备竞赛的阶段，应注意不要浪费太多时间去过度探究一些冷门算法,浅尝辄止即可。学生可以结合自己擅长的领域适当倾斜,但不能过度"偏科",要讲究一定的均衡性。对于自己相对不太感兴趣的知识点,也不能完全不学,还是需要掌握基本的能力和方法,确保自己的实战能力已经建立在完整知识体系的基础上。

其次要培养比赛能力与素养,除解决问题的能力外,学生还需要具备比赛能力和素养,这都能够在正式的比赛中帮助学生弥补不足。真正的比赛和平时做题训练有所区别,需要考虑更多复杂的因素,在有限的时间内尽快想出解法。掌握高效的代码调试方法,尽快在出现问题的代码中定位出错误并改进。更重要的是学会如何尽可能地避免出现代码问题。综合判断各个题目的难度,选择较优的方法解决。如果发现一些"部分分"算法性价比较高,那么就该优先选择它们。保证代码在评测机环境下不会出问题,需要熟悉哪些操作能在自己的电脑上用、在评测机上不能用,如文件的操作也是绝对不能落下的。在考试过程中及时调整紧张或挫折的心态。这些比赛能力和素养尽管在平时训练中表现不明显,但都需要经过平常经验的积累才能形成。

最后要重视实战训练。第一,实战训练能培养学生对一个独立问题的思考能力,能够对一个实际的问题给出自己的建模、分析、做法。第二,实战训练能够解决多种算法融合的题,对算法的核心性质了解得更加透彻。第三,实战训练能让学生找到最适合自己的比赛节奏,在该多思考的时候思考,该跳过的时候先跳过。第四,实战训练能让学生学会用考试技巧在比赛中拿到更多的分数,这是非常重要的一点。在把自己会的算法分数拿到后,如何去拿到其他你不会的分数?如果题目已经明确无解时输出-1,这时或许就会拿到 5 分或 10 分。竞赛是按测试点给分的,一个测试点一般都会有 5 分或 10 分,或许这几分就能够决定你究竟是获得一等奖还是二等奖。

第六章
总结篇：回顾成长，展望未来

一、什么样的学生适合学习信息学竞赛

什么样的学生适合学习信息学竞赛？首先兴趣是第一位的。参加信息学奥林匹克竞赛是一件枯燥、辛苦的事情，因为学习后期全都是高阶的算法以及与高等数学相关的知识，如果没有浓厚的兴趣，很难做到乐此不疲，在学习竞赛的过程中体会不到乐趣是很难坚持下来的。正如爱因斯坦所说："兴趣是最好的老师。"当学生对编程、算法、数据结构等计算机科学领域产生浓厚的兴趣时，自然会投入更多的时间和精力去深入学习，这种自发的学习动力是任何外在压力都无法比拟的。

其次文化课成绩优异，学有余力。高中阶段学习本就很紧张，如果课内尚且无法顾及，一般不建议花精力学习竞赛，五大学科竞赛中，信息学奥林匹克竞赛是唯一可以从低学段开展的竞赛，如果小学和初中阶段能够累积一些基础，高中阶段会非常顺利！学生不仅要掌握编程语言，还要学习算法理论、数据结构、数论、组合数学等高级知识。这些知识在传统的教学体系中往往被忽视，但在信息学奥林匹克竞赛中却成为选手必须掌握的技能。这种跨学科的学习经历，对于培养学生的创新思维和综合素质具有不可估量的价值。

再次要有吃苦耐劳、抗压能力强、自主学习的能力，这是取得成绩的重要保障。参加竞赛不仅要靠聪明的脑袋，更要脚踏实地，多看书、多做题、多总结。不仅如此，还需要自主地去学习，有一定的领悟能力，而且课内知识还不能落下，绝对是一场智慧与体力的马拉松。在竞赛中，选手会遇到各种各样的问题，这些问题往往没有标准答案，需要运用所

学知识进行创新性思考。这种解决问题的过程,不仅锻炼了学生的思维能力,也培养了他们的创新精神。在未来的学习和工作中,这种能力使学生能够更好地应对各种挑战,成为真正的问题解决者。在紧张的学习和竞赛之余,学会如何合理安排时间,如何在压力和放松之间找到平衡,这对学生未来的职业生涯和个人生活都有着重要的意义。

最后,思维能力是核心竞争力。分析透彻一道题,胜过一知半解十道题,要把主要精力放在思维锻炼和题目的分析上,不要过于执着于那些经典算法的细节优化。思维能力强的同学走得稳,更走得快。除此,影响选手最终成绩的,还有临场应变能力、心理调节能力等。总的来说,竞赛学习对学习品质及思维灵活性、领悟能力的要求远比高考高,如果仅仅会考试是学不好竞赛的。竞赛作为一种特殊的教育形式,为学生提供了在实践中学习,在学习中成长的平台,也教会了学生如何面对挑战,如何追求卓越,如何成为更好的自己。

二、展望未来信息学奥林匹克竞赛的发展趋势

未来学习信息学竞赛的学生会越来越多。参加 CSP－J/S 的人数从 2021 年的 8 万,狂飙到 2023 年的 15 万,几乎呈现了翻倍增长,可以预见未来还会持续走高。CSP－J/S 引起学生踊跃参与并不是偶然,它和我国重视科技教育的大方向完全一致。学习信息学竞赛能够把生活中的复杂问题逐步拆分,形成有规律的简单步骤的能力,这就是编程思维。具有这种思维无论是对学习还是生活都是非常有益处的。除了思维方式的改变,创造力也会被开发。编程的学习不是固定的死记硬背,而是让学生充分发挥创造力,享受创造的乐趣,人生不再设限。参加信息学奥林匹克竞赛还可以增强自信心,提高专注力。竞赛的最终形式以一个完整的程序设计呈现,这能够有效提高做事专注力,通过完成作品增强自信心。在学习信息学的过程中会经历不断尝试、不断犯错的过程,这些都可以磨炼意志,养成面对挫折的好耐性,抗压能力更强。养成良好学习习惯的益处自然很多,更好的地方在于学习中还会涉及语文、英语、数学等知识,通过编写程序将这些知识逐渐掌握,助力文化课的学习。在人工智能时代,编程会逐渐成为基本技能,提早掌握才不会落后于时代。学生可以在掌握编程技巧的同时,提升逻辑思维,培养知识与技能,增加核心竞争力。

随着信息学在全球的普及,越来越多的孩子在低龄的时候就开始学习编程、接触信息学竞赛。2017 年开始,欧洲开始面向 15 岁以下的学生举办欧洲初中生信息学奥林匹克竞赛。2018 年,ISIJ(International School In Informatics For Juniors)比赛首次举办面向全球 15 岁以下信息学爱好者的"国际初中生信息学竞赛"。同年,中国计算机学会组成代表队首次参加了此次国际初中生信息学竞赛,六名选手取得五金一银的佳绩,中国

队获得团体总分第一。以后的 ISIJ 比赛中国都组队参加，并且连年取得优异成绩。

随着国家对人工智能和编程教育的重视，越来越多的中小学开始设置人工智能相关课程，逐步推广编程教育，这为信息学竞赛提供了广泛的学习基础和人才储备。小学是学生的创新意识、创新精神、创新能力形成的关键期，未来的拔尖创新人才应具备三个最重要素养：动力、毅力、能力，同时还需要三项能力：独立思考、思维创新、自主学习。这需要老师和家长的培养与协同，打造一批坚忍执着、敢于挑战的创新人才。竞赛就像一个窗口，给了选手另一个视角去纵览学科全貌，它不受考纲、课纲的限制，让选手从中建立起一种更高阶的思维，反过来理解学科的逻辑。

随着人工智能、大数据等新一轮科技革命和产业变革的深入推进，计算机科学基础教育的人才选拔与培养逐渐受到重视。引发过全民热潮的"奥数"，一度与教育焦虑画上等号，如今在"双减"大背景下，它似乎正在渐渐淡出公众视野，而信息学奥林匹克竞赛的存在感却越来越强。一方面，它所指向的计算机科学仍是时下乃至未来大热的行业。不管是大学申请还是未来就业，都能体现这一点。在国内，以清华、北大为代表的顶尖院校都在强基计划中明确提出了对五大学科竞赛人才的青睐；在国外，信息学竞赛高水平奖项也逐渐成为申请名校的利器。另一方面，《义务教育课程方案（2022 年版）》中，信息科技已经从"兴趣班"成为"必修课"。确立这一课程科目作为全民必修课的地位，将真正服务于全民、全社会数字素养的提升。很多中小学都设置了编程课，甚至在浙江，信息技术已成为一门高考的学科。毋庸置疑，未来编程必将成为人人应会的基本技能。

随着计算机科学的不断发展，信息学竞赛所涉及的知识点可能会更加深入和广泛，这就要求参赛者具备更扎实的理论基础和更广泛的知识面。近些年的信息学竞赛趋势是重在考查选手的思维和对于算法和数据结构本质的掌握，不仅仅是只考模板题等这种只要会了知识点，把对应的代码复制上去就可以 AC 的题。虽然 NOI 大纲出现之后，减轻了对选手知识点广度的要求——NOI 系列竞赛，包括省选和国家队选拔都遵从 NOI 大纲，但这并不代表竞赛学习变简单了，信息学竞赛对于知识点深度的要求加深，现在的竞赛不但考查算法、数据结构本质和选手对算法的应用，更侧重于对选手思维的考查。背题目模板就能解决题目，已经成为了过去式。未来的竞赛除了传统的算法和程序设计题目外，可能会增加更多关于数据科学、人工智能应用等方面的题目，新兴技术如大数据、云计算、物联网等领域的知识也可能会被纳入竞赛内容。

未来，竞赛不仅仅是一种脑力比拼，更是考查学生面对复杂情况的综合处理能力。所以，培训和学习过程中要突出竞赛在学生学习成长过程中的促进作用。信息学奥林匹克竞赛辅导要激发学生的学习兴趣，启迪学生的学习智慧，做到"计算机的普及要从娃娃抓起"。小学侧重兴趣的培养，学生在兴趣的带动下会形成专注力，提高学习力，这是其保持长久学习的前提；初中阶段主要通过学习更多的算法，提高解决问题的能力；高中阶段运用算法思维解决实际问题，提高逻辑思维和解决问题的能力，并能够应用于其他学科的学习和生活中。教育的本质不仅仅是知识和观念的输出，更是对于一个人综合素质的培养。

信息学竞赛的未来发展将更加注重教育与科技的结合，培养学生的创新能力和实践能力，而不仅仅是技术技能的比拼。这些趋势将为有兴趣参与信息学竞赛的学生提供更多的机会和挑战。为了适应不同学生的学习需求和兴趣，信息学竞赛的形式可能会更加多样化，包括但不限于传统的笔试、机试，还可能有在线竞赛、实时编程挑战等新型竞赛模式。未来信息学竞赛将在国家政策推动和科技发展的双重影响下，变得更加普及和多元化。同时，它将继续作为选拔和培养计算机科学人才的重要平台，对学生的未来发展起到积极的推动作用。